이번 학기 공부 습관을 [illegible] 첫 연산 책!

새 교육과정 반영

바빠 교과서 연산 2-2

"우리 아이가
끝까지 푼 책은
이 책이 처음이에요." — 학부모 후기 중

작은 발걸음 방식 문제 배치, **전문가의 연산 꿀팁** 가득!

이지스에듀

지은이 | **징검다리 교육연구소**

징검다리 교육연구소는 바쁜 친구들을 위한 빠른 학습법을 연구하는 이지스에듀의 공부 연구소입니다. 아이들이 기계적으로 공부하지 않도록, 두뇌가 활성화되는 과학적 학습 설계가 적용된 책을 만듭니다. 이 책을 함께 개발한 **강난영 선생님**은 영역별 연산 훈련 교재로, 연산 시장에 새바람을 일으킨 《바쁜 5·6학년을 위한 빠른 연산법》, 《바쁜 중1을 위한 빠른 중학연산》, 《바쁜 초등학생을 위한 빠른 구구단》을 기획하고 집필한 저자입니다. 또한 20년이 넘는 기간 동안 디딤돌, 한솔교육, 대교에서 초중등 콘텐츠를 연구, 기획, 개발했습니다.

바빠 교과서 연산 시리즈(개정판)

바빠 교과서 연산 2-2

(이 책은 2018년 11월에 출간한 '바쁜 2학년을 위한 빠른 교과서 연산 2-2'를 새 교육과정에 맞춰 개정했습니다.)

초판 인쇄 2024년 7월 30일
초판 2쇄 2024년 9월 20일
지은이 징검다리 교육연구소
발행인 이지연 펴낸곳 이지스퍼블리싱(주)
출판사 등록번호 제313-2010-123호 제조국명 대한민국
주소 서울시 마포구 잔다리로 109 이지스 빌딩 5층(우편번호 04003)
대표전화 02-325-1722 팩스 02-326-1723
이지스퍼블리싱 홈페이지 www.easyspub.com 이지스에듀 카페 www.easysedu.co.kr
바빠 아지트 블로그 blog.naver.com/easyspub 인스타그램 @easys_edu
페이스북 www.facebook.com/easyspub2014 이메일 service@easyspub.co.kr

본부장 조은미 기획 및 책임 편집 김현주 | 박지연, 정지연, 이지혜 표지 및 내지 디자인 손한나
일러스트 김학수, 이츠북스 전산편집 이츠북스 인쇄 js프린팅 독자 지원 박애림, 김수경
영업 및 문의 이주동, 김요한(support@easyspub.co.kr) 마케팅 라혜주

ISBN 979-11-6303-625-8
ISBN 979-11-6303-581-7(세트)
가격 11,000원

공부 습관을 만드는 첫 번째 연산 책!

이번 학기에 필요한 연산은 이 책으로 완성!

이번 학기 연산, 작은 발걸음 배치로 막힘없이 풀 수 있어요!

'바빠 교과서 연산'은 이번 학기에 필요한 연산만 모아 똑똑한 방식으로 훈련하는 '학교 진도 맞춤 연산 책'이에요. **실제 학교에서 배우는 방식으로 설명**하고, 작은 발걸음 방식(small-step)으로 문제가 배치되어 막힘없이 풀게 돼요. 여기에 이해를 돕고 실수를 줄여 주는 꿀팁까지! 수학 전문학원 원장님에게나 들을 수 있던 '바빠 꿀팁'과 책 곳곳에서 알려주는 빠독이의 힌트로 쉽게 이해하고 문제를 풀 수 있답니다.

산만해지는 주의력을 잡아 주는 이 책의 똑똑한 장치들!

이 책에서는 자릿수가 중요한 연산 문제는 모눈 위에서 정확하게 계산하도록 편집했어요. 또 **1학년 친구들이 자주 틀린 문제는 '앗! 실수' 코너로 한 번 더 짚어 주어 더 빠르고 완벽하게 학습**할 수 있답니다.

그리고 각 쪽마다 집중 시간이 적힌 목표 시계가 있어요. 이 시계는 속도를 독촉하기 위한 게 아니에요. 제시된 시간은 딴짓하지 않고 풀면 2학년 어린이가 충분히 풀 수 있는 시간입니다. 공부할 때 산만해지지 않도록 시간을 측정해 보세요. 집중하는 재미와 성취감을 동시에 맛보게 될 거예요.

엄마들이 감동한 책-'우리 아이가 처음으로 끝까지 푼 문제집이에요!'

이 책은 아직 공부 습관이 잡히지 않은 친구들에게도 딱이에요! 지난 5년간 '바빠 교과서 연산'을 경험한 학부모님들의 후기를 보면, '아이가 직접 고른 문제집이에요.', '처음으로 끝까지 다 푼 책이에요!', '연산을 싫어하던 아이가 이 책은 재밌다며 또 풀고 싶대요!' 등 아이들의 공부 습관을 꽉 잡아 준 책이라는 감동적인 서평이 가득합니다.

이 책을 푼 후, 학교에 가면 **수학 교과서를 미리 푼 효과로 수업 시간에도, 단원평가에도 자신감**이 생길 거예요. 새 교육과정에 맞춘 연산 훈련으로 수학 실력이 '쑤욱' 오르는 기쁨을 만나 보세요!

'바빠 교과서 연산' 이렇게 공부하세요!

1단계 필수 개념 정리

수학 교과서 핵심 개념만 쏙쏙 골라 담았어요!

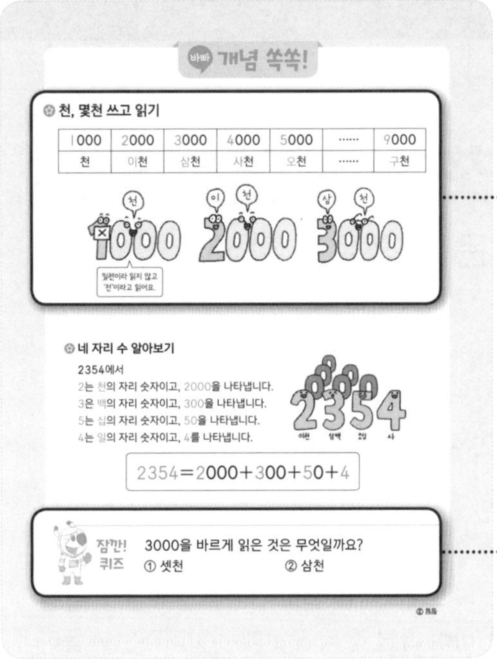
바빠 개념 쏙쏙!

천, 몇천 쓰고 읽기

1000	2000	3000	4000	5000	……	9000
천	이천	삼천	사천	오천	……	구천

네 자리 수 알아보기

2354에서
2는 천의 자리 숫자이고, 2000을 나타냅니다.
3은 백의 자리 숫자이고, 300을 나타냅니다.
5는 십의 자리 숫자이고, 50을 나타냅니다.
4는 일의 자리 숫자이고, 4를 나타냅니다.

2354=2000+300+50+4

잠깐! 퀴즈 3000을 바르게 읽은 것은 무엇일까요?
① 셋천 ② 삼천

② 삼천

마당마다 꼭 알아야 할 **핵심 개념**을 확인하고 시작해요.

개념을 바르게 이해했는지 **'잠깐! 퀴즈'**로 확인할 수 있어요.

2단계 체계적인 연산 훈련

작은 발걸음 방식(small step)으로 차근차근 실력을 쌓아요.

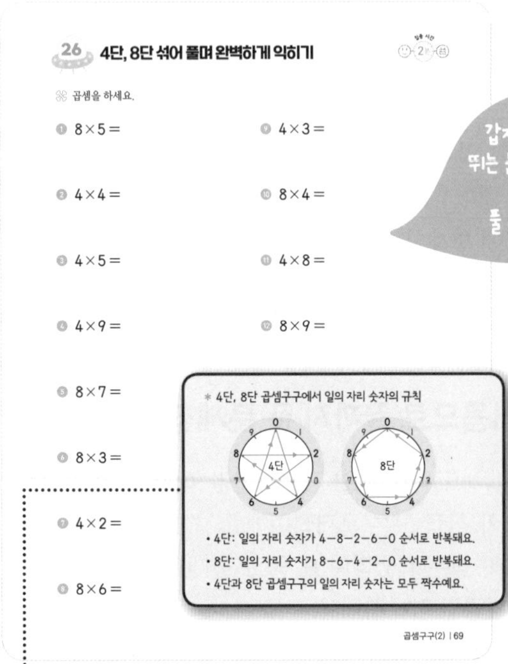
26 4단, 8단 섞어 풀며 완벽하게 익히기

※ 곱셈을 하세요.

① 8×5= ⑨ 4×3=
② 4×4= ⑩ 8×4=
③ 4×5= ⑪ 4×8=
④ 4×9= ⑫ 8×9=
⑤ 8×7=
⑥ 8×3=
⑦ 4×2=
⑧ 8×6=

* 4단, 8단 곱셈구구에서 일의 자리 숫자의 규칙

- 4단: 일의 자리 숫자가 4−8−2−6−0 순서로 반복돼요.
- 8단: 일의 자리 숫자가 8−6−4−2−0 순서로 반복돼요.
- 4단과 8단 곱셈구구의 일의 자리 숫자는 모두 짝수예요.

곱셈구구(2) | 69

갑자기 난도가 뛰는 문제가 없어서 혼자서도 풀 수 있어요!

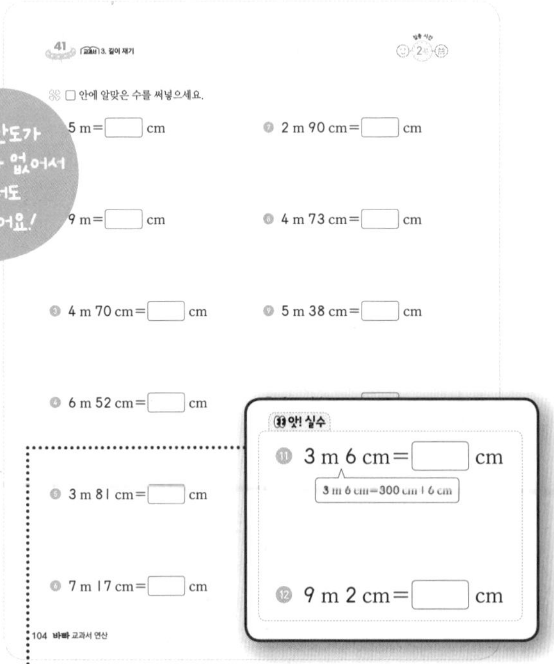
41 교과서 3. 길이 재기

※ □ 안에 알맞은 수를 써넣으세요.

5 m=□cm ⑦ 2 m 90 cm=□cm
9 m=□cm ⑧ 4 m 73 cm=□cm
③ 4 m 70 cm=□cm ⑨ 5 m 38 cm=□cm
④ 6 m 52 cm=□cm
⑤ 3 m 81 cm=□cm
⑥ 7 m 17 cm=□cm

앗! 실수

⑪ 3 m 6 cm=□cm

3 m 6 cm=300 cm+6 cm

⑫ 9 m 2 cm=□cm

104 바빠 교과서 연산

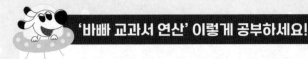

전국 수학학원 원장님들에게 모아 온 '연산 꿀팁!'으로 막힘없이 술술~ 풀 수 있어요.

'앗! 실수' 코너로 2학년 친구들이 자주 틀린 문제를 한 번 더 풀고 넘어가요.

3단계 보너스 문제

기초 문장제와 재미있는 연산 활동으로 수 응용력을 키워요!

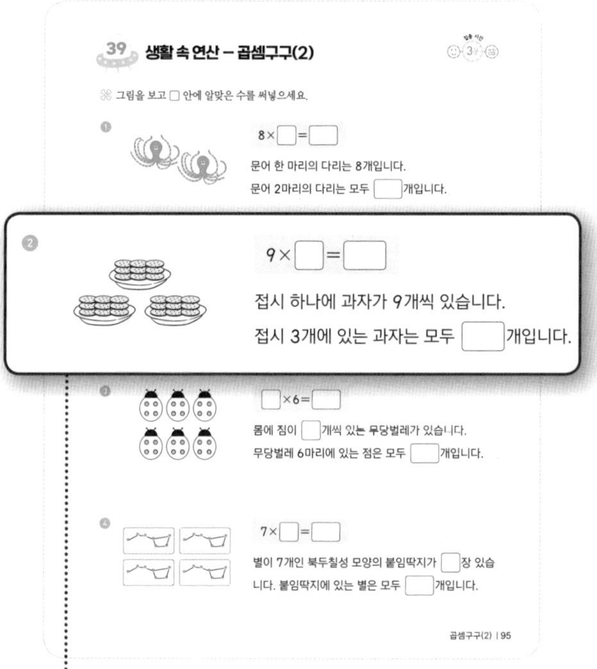
39 생활 속 연산 – 곱셈구구(2)

※ 그림을 보고 □ 안에 알맞은 수를 써넣으세요.

① 8×□=□
문어 한 마리의 다리는 8개입니다.
문어 2마리의 다리는 모두 □개입니다.

② 9×□=□
접시 하나에 과자가 9개씩 있습니다.
접시 3개에 있는 과자는 모두 □개입니다.

③ □×6=□
몸에 점이 □개씩 있는 무당벌레가 있습니다.
무당벌레 6마리에 있는 점은 모두 □개입니다.

④ 7×□=□
별이 7개인 북두칠성 모양의 붙임딱지가 □장 있습니다. 붙임딱지에 있는 별은 모두 □개입니다.

곱셈구구(2) | 95

'생활 속 기초 문장제'로 서술형의 기초를 다져요.

그림 그리기, 선 잇기 등 **'재미있는 연산 활동'**으로 **수 응용력**과 **사고력**을 키워요.

4단계 마당별 통과 문제

통과 문제를 풀 수 있다면 이번 마당 연산 공부 끝!

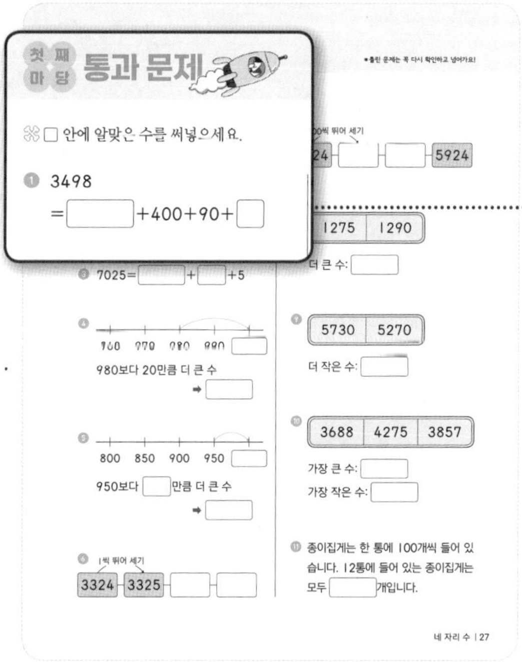
첫째 마당 통과 문제

※ □ 안에 알맞은 수를 써넣으세요.

① 3498
=□+400+90+□

③ 7025=□+□+5

④ 960 970 980 990 □
980보다 20만큼 더 큰 수 ➡ □

⑤ 800 850 900 950 □
950보다 □만큼 더 큰 수 ➡ □

⑥ 1씩 뛰어 세기
3324 - 3325 - □ - □

100씩 뛰어 세기
…24 - □ - □ - 5924

1275 | 1290
더 큰 수: □

⑨ 5730 | 5270
더 작은 수: □

⑩ 3688 | 4275 | 3857
가장 큰 수: □
가장 작은 수: □

⑪ 종이집게는 한 통에 100개씩 들어 있습니다. 12통에 들어 있는 종이집게는 모두 □개입니다.

네 자리 수 | 27

이번 마당 학습을 마무리해도 좋을지 **'통과 문제'**로 점검하는 시간이에요! 틀린 문제는 해당 차시를 확인한 후, 다시 풀어 보세요!

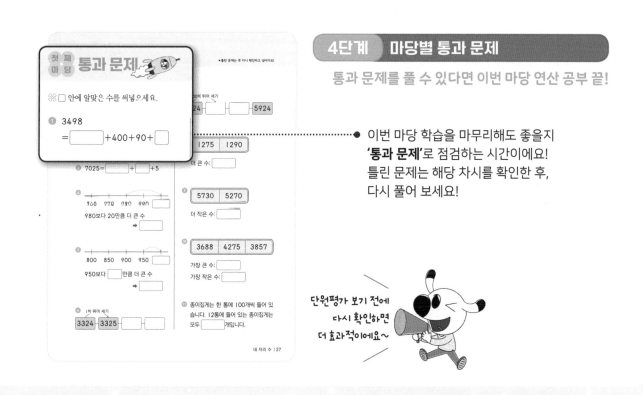

차례

바빠 교과서 연산 2-2

지도 길잡이 2학년 2학기에는 네 자리 수를 배웁니다. 실생활에서 흔히 접하는 천 원짜리 돈을 이용해 설명하면 네 자리 수의 개념을 잡는 데 도움이 됩니다.

지도 길잡이 곱셈구구는 원리부터 이해해야 정확하게 외울 수 있습니다. 무작정 외우기보다 같은 수를 여러 번 더하는 동수누가 개념을 먼저 알고 곱셈구구를 외우도록 지도해 주세요.

예습하는 친구는 하루 한 장 5분씩.
복습하는 친구는 하루 두 장 10분씩 공부하면 좋아요!

지도 길잡이 곱셈구구는 3 · 4학년 때 배우는 곱셈과 나눗셈의 기초가 되는 중요한 단원입니다. 아이가 헷갈려 하는 곱셈구구는 직접 쓰고 여러 번 소리 내어 완벽하게 외우도록 지도해 주세요.

교과서 3. 길이 재기
- cm보다 더 큰 단위를 알아볼까요
- 길이의 합을 구해 볼까요
- 길이의 차를 구해 볼까요
- 길이를 어림해 볼까요

지도 길잡이 주변 사물의 길이를 '몇 m 몇 cm'와 '몇 cm'로 표현할 수 있게 반복적으로 함께 쓰고 읽어 보세요. 길이의 합과 차는 cm끼리 먼저 계산한 후, m끼리 계산하는 습관을 들여 주세요.

교과서 4. 시각과 시간
- 몇 시 몇 분을 읽어 볼까요(1)
- 몇 시 몇 분을 읽어 볼까요(2)
- 여러 가지 방법으로 시각을 읽어 볼까요
- 1시간을 알아볼까요
- 걸린 시간을 알아볼까요
- 하루의 시간을 알아볼까요
- 달력을 알아볼까요

지도 길잡이 '몇 시 몇 분'을 읽는 연습은 직접 시계를 움직이면서 바늘의 모양을 살펴보면 효과적입니다. 1시간, 1일, 1주일, 1개월, 1년 사이의 관계를 정확히 알고 계산하도록 지도해 주세요.

오늘 공부한 단계를 색칠해 보세요!
01
02
03
04
05

첫째 마당

네 자리 수

교과서 1. 네 자리 수

06

07

08

바빠 개념 쏙쏙!

천, 몇천 쓰고 읽기

1000	2000	3000	4000	5000	……	9000
천	이천	삼천	사천	오천	……	구천

네 자리 수 알아보기

2354에서

2는 천의 자리 숫자이고, 2000을 나타냅니다.

3은 백의 자리 숫자이고, 300을 나타냅니다.

5는 십의 자리 숫자이고, 50을 나타냅니다.

4는 일의 자리 숫자이고, 4를 나타냅니다.

$$2354=2000+300+50+4$$

잠깐! 퀴즈 3000을 바르게 읽은 것은 무엇일까요?

① 셋천 ② 삼천

정답 ②

01 천, 몇천 쓰고 읽기

집중 시간 2분

수 모형이 나타내는 수를 빈칸에 쓰고, 읽어 보세요.

1

천 모형 1개

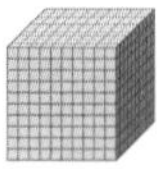

수 쓰기	수 읽기
1000	천

* 1000은 100이 10개예요.

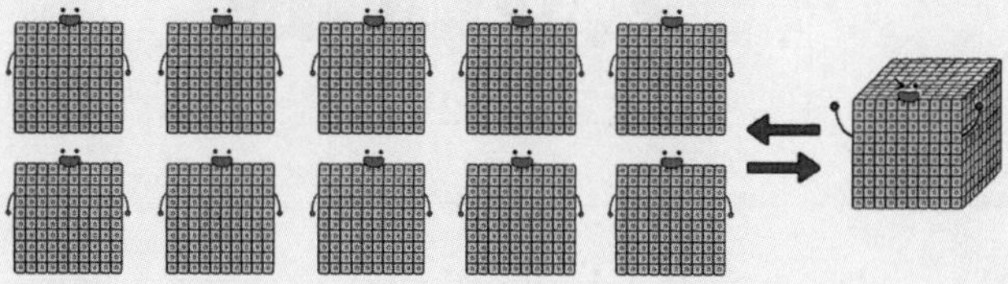

2

천 모형 2개

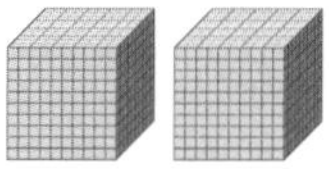

3

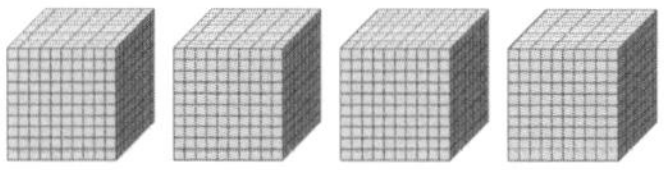

4

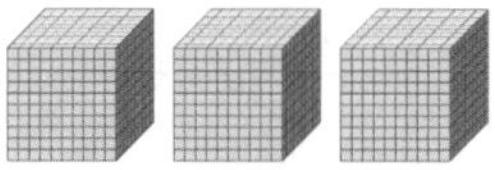

5

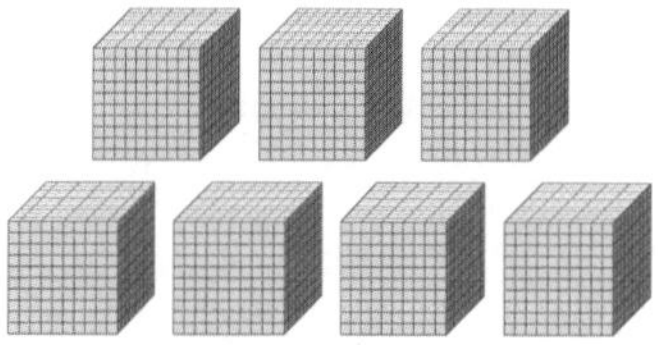

6

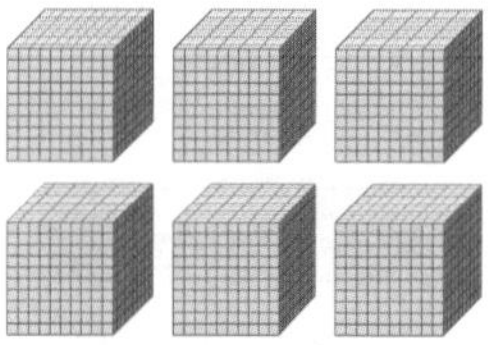

7

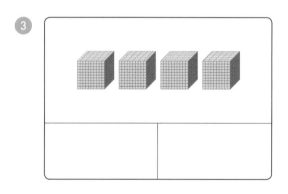

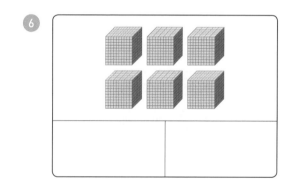

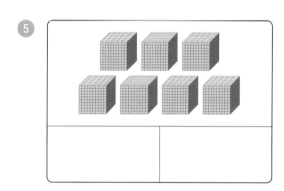

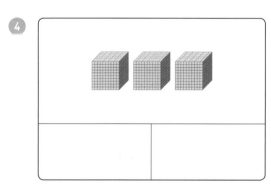

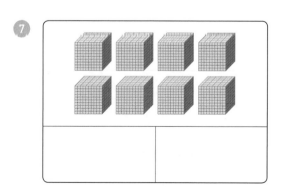

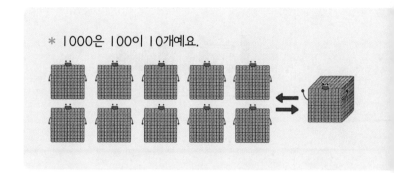

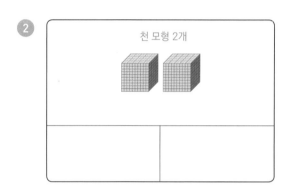

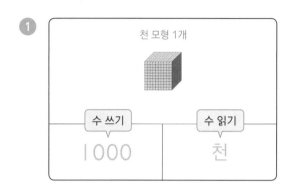

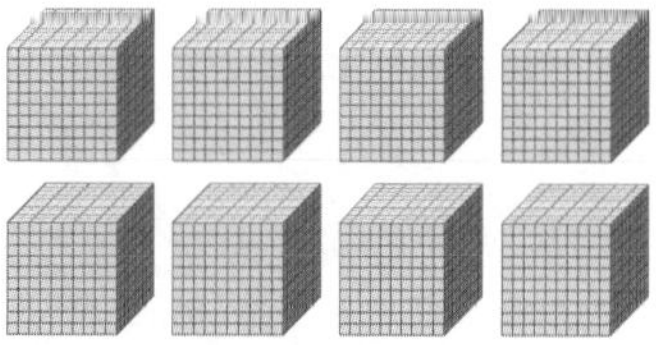

집중 시간 2분

※ 관계있는 것끼리 이어 보세요.

❶ 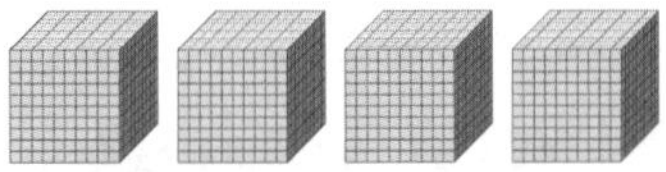

❷ 

❸ 

❹ 

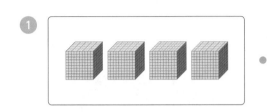

5000에서 200이 더 있으면?

❺ 100이 10개인 수

❻ 1000이 8개인 수

3000

1000

사천

5000

팔천

5200

02 네 자리 수 쓰고 읽기

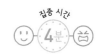

집중 시간 4분

수 모형이 나타내는 수를 쓰고, 읽어 보세요.

천 → 백 → 십 → 일의 순서대로 수 모형의 개수를 세어 쓰면 쉬워요.

①

천 모형 1개 백 모형 2개 십 모형 3개 일 모형 5개

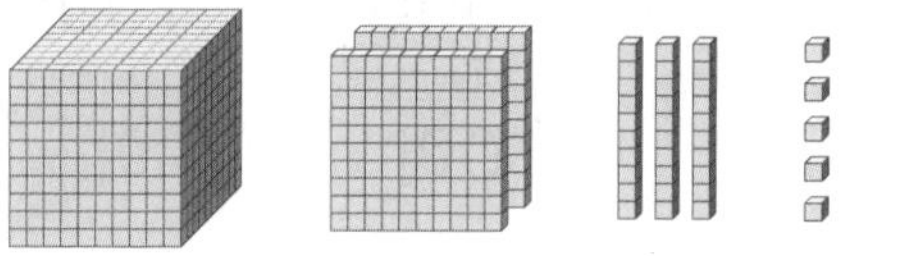

1000이 [1], 100이 [2],
10이 [3], 1이 [5] ➡ [1235]

읽기 [천이백삼십오]

④

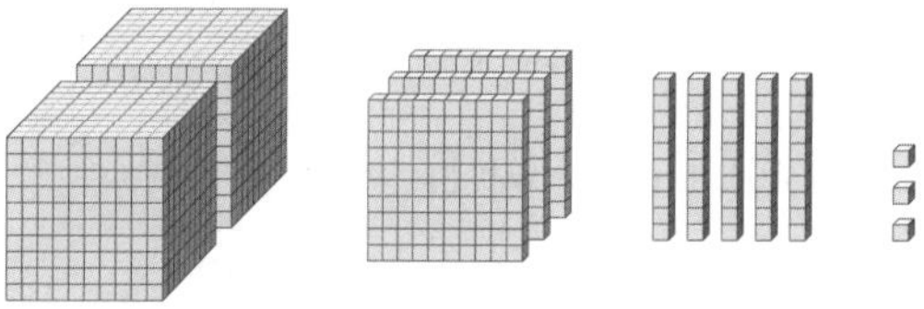

1000이 □, 100이 □,
10이 □, 1이 □ ➡ □

읽기 □

②

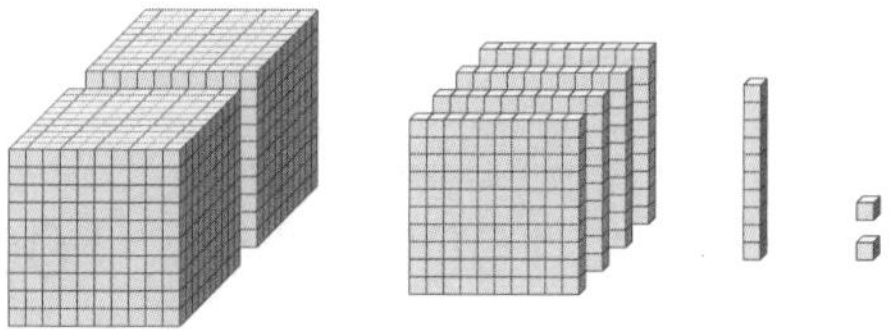

1000이 □, 100이 □, 10이 □,
1이 □ ➡ □

읽기 □

⑤

백 모형은 0개

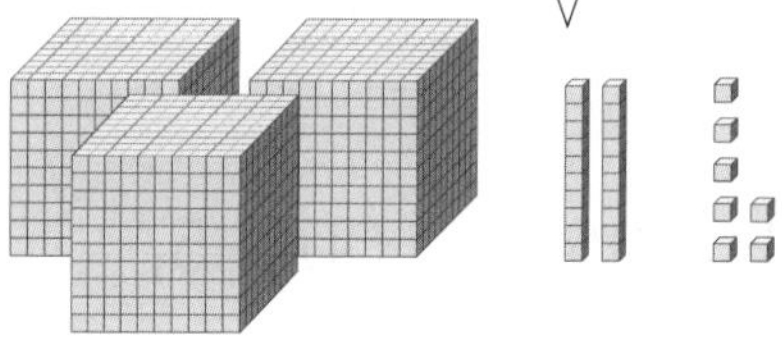

1000이 □, 100이 [0],
10이 □, 1이 □ ➡ □

읽기 □

백의 자리 숫자가 0이면 백을 읽지 않아요.
3027은 삼천이십칠이라고 읽어요.

③

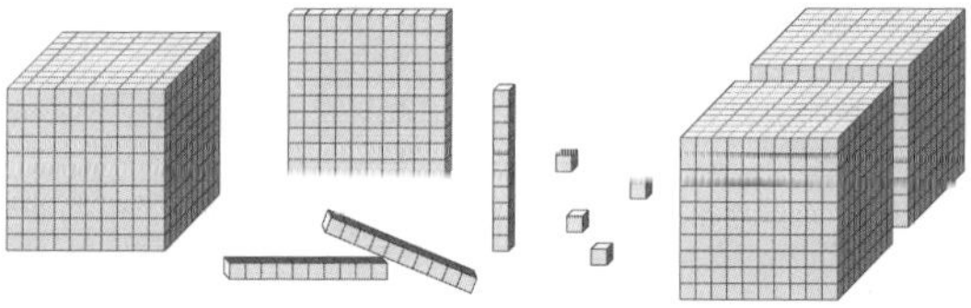

1000이 □, 100이 □, 10이 □,
1이 □ ➡ □

읽기 □

⑥

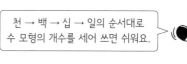

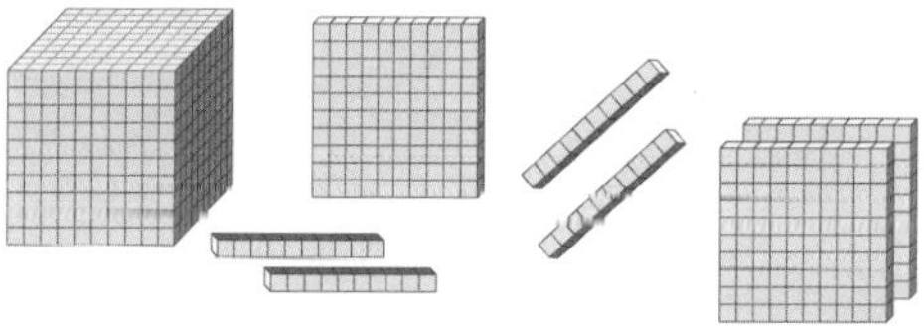

1000이 □, 100이 □,
10이 □, 1이 □ ➡ □

읽기 □

집중 시간 4분

※ □ 안에 알맞은 수를 쓰고, 바르게 읽어 보세요.

① 1000이 2, 100이 7, 10이 6, 1이 5 ➡ [2765]

읽기 [이천칠백육십오]

② 1000이 4, 100이 2, 10이 8, 1이 7 ➡ [ ]

읽기 [ ]

③ 1000이 3, 100이 5, 10이 2, 1이 4 ➡ [ ]

읽기 [ ]

④ 1000이 5, 100이 9, 10이 3, 1이 0 ➡ [ ]

읽기 [ ]

⑤ 1000이 7, 100이 4, 10이 0, 1이 3 ➡ [ ]

읽기 [ ]

십의 자리 숫자가 0이면 읽지 않아요!

⑥ 1359 ➡ 1000이 1, 100이 [3], 10이 [5], 1이 [9]

읽기 [천삼백오십구]

⑦ 2258 ➡ 1000이 [ ], 100이 2, 10이 [ ], 1이 [ ]

읽기 [ ]

⑧ 4145 ➡ 1000이 [ ], 100이 [ ], 10이 4, 1이 [ ]

읽기 [ ]

⑨ 5608 ➡ 1000이 [ ], 100이 [ ], 10이 [ ], 1이 8

읽기 [ ]

⑩ 6084 ➡ 1000이 [ ], 100이 [ ], 10이 [ ], 1이 [ ]

읽기 [ ]

03 자리에 따라 숫자가 나타내는 값이 달라!

집중 시간 4분

빈칸에 알맞은 말이나 수를 써넣으세요.

1. 3333 — 삼천삼백삼십삼 (수 읽기)

➡ 3000+300+30+ 3

2. 2348 — ☐

➡ 2000+300+☐+8

3. 4156 — ☐

➡ 4000+☐+☐+6

4. 6294 — ☐

➡ 6000+☐+☐+4

5. 7517 — ☐

➡ ☐+500+☐+7

6. 9102 — ☐

➡ 9000+☐+0+☐

7. 8999 — ☐

➡ ☐+900+☐+☐

집중 시간 2분

밑줄 친 숫자가 나타내는 값에 ○표 하세요.

수를 소리 내어 읽으면 각 자리의 숫자가 나타내는 값을 쉽게 알 수 있어요.

①

2631 (이천육백삼십일)

2000	200	20	2

②

4312 (사천삼백십이)

3000	300	30	3

③

3726

6000	600	60	6

④

5392

9000	900	90	9

⑤

4997

7000	700	70	7

⑥

7013

3000	300	30	3

⑦

5555

5000	500	50	5

⑧

8765

8000	800	80	8

04 천, 몇천 알고 뛰어 세기

집중 시간 2분

그림을 보고 □ 안에 알맞은 수를 써넣으세요.

1

996 997 998 999 [1000]

999보다 1만큼 더 큰 수

➡ [1000]

2

960 970 980 990 □

990보다 10만큼 더 큰 수

➡ □

3

800 850 900 950 □

900보다 □만큼 더 큰 수

950보다 50 큰 수가 1000이에요.
그럼 900보다 얼마만큼 커야 1000일까요?

➡ 1000

4

200 400 600 800 □

800보다 □만큼 더 큰 수

➡ 1000

5

1000 2000 3000 4000 [5000]

4000보다 1000만큼 더 큰 수

➡ □

6

3000 4000 5000 6000 □

6000보다 1000만큼 더 큰 수

➡ □

7

4000 5000 6000 7000 □

6000보다 □만큼 더 큰 수

➡ 8000

8

5000 6000 7000 8000 □

7000보다 □만큼 더 큰 수

➡ 9000

집중 시간 2분

뛰어 세어 보세요.

수가 일정하게
커지도록 뛰어 세어 봐요.

① 1씩

2510	2511	2512	2513	2514		

1씩 뛰어 세면 일의 자리 숫자가 1씩 커집니다.

② 10씩

4730	4740	4750				4790

10씩 뛰어 세면 십의 자리 숫자가 1씩 커집니다.

③ 100씩

3308	3408	3508	3608	3708		

100씩 뛰어 세면 백의 자리 숫자가 1씩 커집니다.

④ 100씩

5137	5237				5637	5737

⑤ 1000씩

1013	2013	3013	4013	5013		

1000씩 뛰어 세면 천의 자리 숫자가 1씩 커집니다.

⑥ 1000씩

3165	4165				8165	9165

05 1씩, 10씩, 100씩, 1000씩 뛰어 세기 집중 연습

집중 시간 2분

뛰어 세어 보세요.

1. 100씩

2216 — 2316 — 2416 — 2516 — ☐ — 2716 — ☐

2. 1씩

4322 — 4323 — 4324 — ☐ — 4326 — 4327 — ☐

3. 1000씩

3123 — 4123 — 5123 — 6123 — ☐ — 8123 — ☐

4. 10씩

6784 — 6794 — ☐ — ☐ — 6824 — 6834 — ☐

5. 1씩

5975 — 5976 — ☐ — 5978 — ☐ — ☐ — 5981

6. 100씩

8510 — 8610 — ☐ — 8810 — ☐ — ☐ — 9110

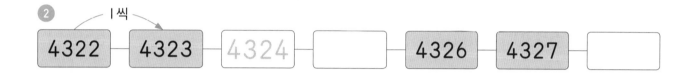

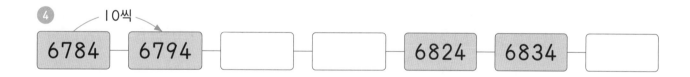

집중 시간 3분

뛰어 세어 보세요.

변하는 수에 밑줄을 치면서 살펴보면 더 쉬워요.

1	3321	4321	5321	6321			9321
2	5530	5540	5550				5590
3	8652	8653		8655	8656		
4	7015	7115				7515	7615
5	4390	4400	4410			4440	
6	2987	3987		5987			8987

06 천의 자리 숫자부터 차례대로 비교하자

집중 시간 2분

빈칸에 각 자리의 숫자를 써넣고, 알맞은 말에 ○표 하세요.

①

	천의 자리	백의 자리	십의 자리	일의 자리
4210 ➡	4	2	1	0
3451 ➡	3			

→ 4>3

4210은 3451보다 (큽니다 , 작습니다).

천 백 십 일

비교 순서 ① → ② → ③ → ④

네 자리 수의 크기 비교는 천의 자리부터 순서대로 해요.
천의 자리 수가 같으면 백의 자리를, 백의 자리 수가 같으면 십의 자리를, 십의 자리 수가 같으면 일의 자리를 비교해요.

②

	천의 자리	백의 자리	십의 자리	일의 자리
2789 ➡	2	7	8	9
3124 ➡				

2789는 3124보다 (큽니다 , 작습니다).

④

	천의 자리	백의 자리	십의 자리	일의 자리
5475 ➡	5	4	7	5
5469 ➡				

5475는 5469보다 (큽니다 , 작습니다).

③

	천의 자리	백의 자리	십의 자리	일의 자리
3912 ➡	3	9	1	2
3575 ➡				

3912는 3575보다 (큽니다 , 작습니다).

⑤

	천의 자리	백의 자리	십의 자리	일의 자리
8012 ➡	8	0	1	2
8017 ➡				

8012는 8017보다 (큽니다 , 작습니다).

두 수의 크기를 비교하여 ○ 안에 >, < 중 알맞은 것을 써넣으세요.

① 3891 (<) 4200

3<4

② 1632 ( ) 1358

6>3

천의 자리 숫자가 같으면 백의 자리 숫자를 비교해요.

③ 2808 ( ) 2799

④ 9587 ( ) 9584

⑤ 5287 ( ) 6088

⑥ 4300 ( ) 2900

⑦ 7008 ( ) 7040

⑧ 5374 ( ) 5187

⑨ 6467 ( ) 7210

⑩ 3909 ( ) 3799

07 더 큰 수와 더 작은 수 찾기

집중 시간 2분

큰 수를 찾는지, 작은 수를 찾는지 잘 읽고 풀어요.

□ 안에 알맞은 수를 써넣으세요.

① 2920 | 3912

더 큰 수: □

② 5873 | 5809

더 큰 수: □

③ 4901 | 5003

더 큰 수: □

④ 6199 | 6294

더 큰 수: □

⑤ 7000 | 6999

더 큰 수: □

⑥ 4970 | 4513

더 작은 수: □

⑦ 7461 | 7469

더 작은 수: □

⑧ 5103 | 5099

더 작은 수: □

⑨ 3980 | 3985

더 작은 수: □

⑩ 8487 | 9123

더 작은 수: □

집중 시간 3분

※ 가장 큰 수에 ○표, 가장 작은 수에 △표 하세요.

천 백 십 일
비교 순서 ① ② ③ ④

❶ 3457, 4107, 3729, 4130

❷ 2958, 2912, 2937, 2945

❸ 3234, 4034, 4134, 3134

❹ 4275, 5692, 4281, 6281

❺ 7914, 7273, 7999, 8010

❻ 3263, 5180, 4674, 3271

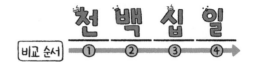

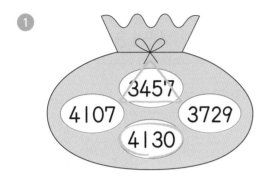

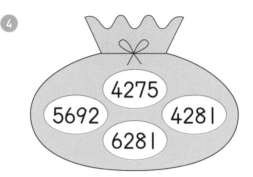

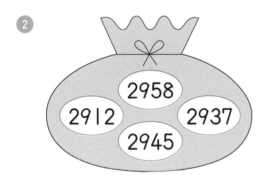

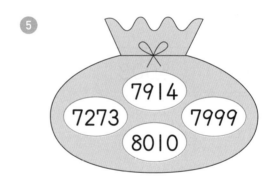

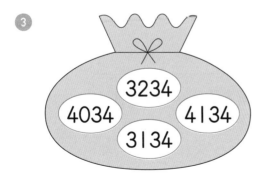

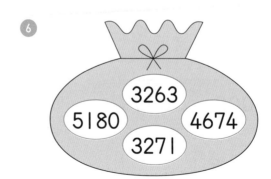

08 생활 속 연산 – 네 자리 수

※ 다음은 위인들이 태어난 연도입니다. 빈칸에 알맞은 수나 말을 써넣으세요.

①

세종대왕

1397	천삼백구십칠

수 읽기

④

이성계

	천삼백삼십오

수 쓰기

②

이황

1501	

⑤

신사임당

	천오백사

③

이순신

1545	

⑥

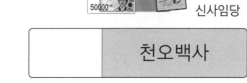

정조

	천칠백오십이

집중 시간 2분

※ 토끼가 당근 농장에 가려면 3172부터 100씩 뛰어 센 징검다리를 밟고 건너야 합니다.
토끼가 밟고 건너야 할 징검다리에 모두 ○표 해 보세요.

완벽하게 풀 수 있는지 통과 문제로 확인해 봐요!

*틀린 문제는 꼭 다시 확인하고 넘어가요!

※ □ 안에 알맞은 수를 써넣으세요.

1. 3498
=□+400+90+□

2. 2816
=2000+□+□+6

3. 7025=□+□+5

4. 960 970 980 990 □

980보다 20만큼 더 큰 수
➡ □

5. 800 850 900 950 □

950보다 □만큼 더 큰 수
➡ □

6. 1씩 뛰어 세기

3324 – 3325 – □ – □

7. 100씩 뛰어 세기

5624 – □ – □ – 5924

8.

1275	1290

더 큰 수: □

9.

5730	5270

더 작은 수: □

10.

3688	4275	3857

가장 큰 수: □

가장 작은 수: □

11. 종이집게가 한 통에 100개씩 들어 있습니다. 12통에 들어 있는 종이집게는 모두 □개입니다.

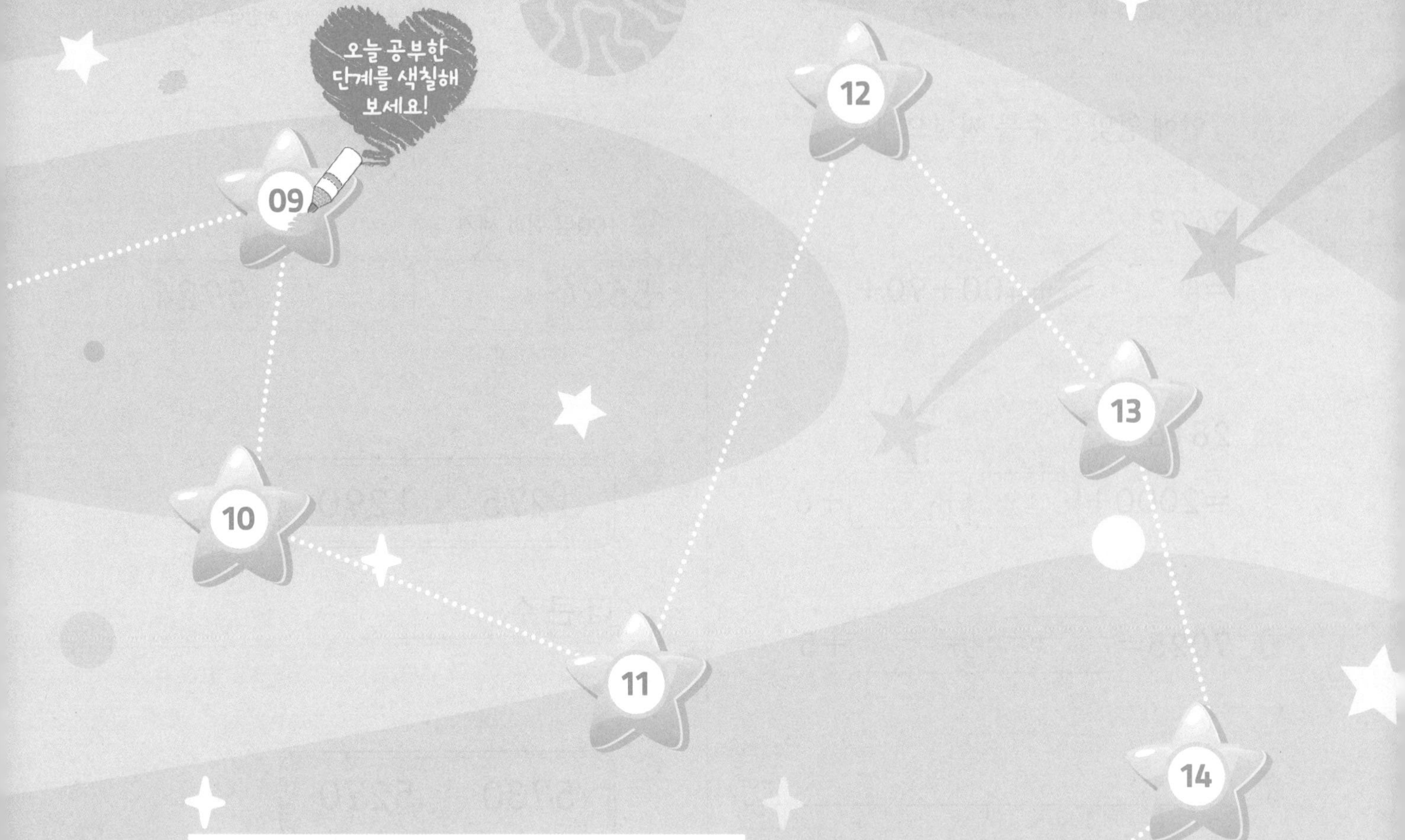
오늘 공부한
단계를 색칠해
보세요!
09
10
11
12
13
14

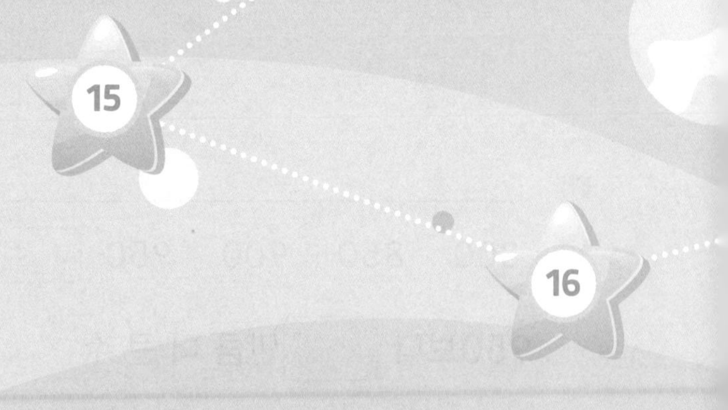
15
16

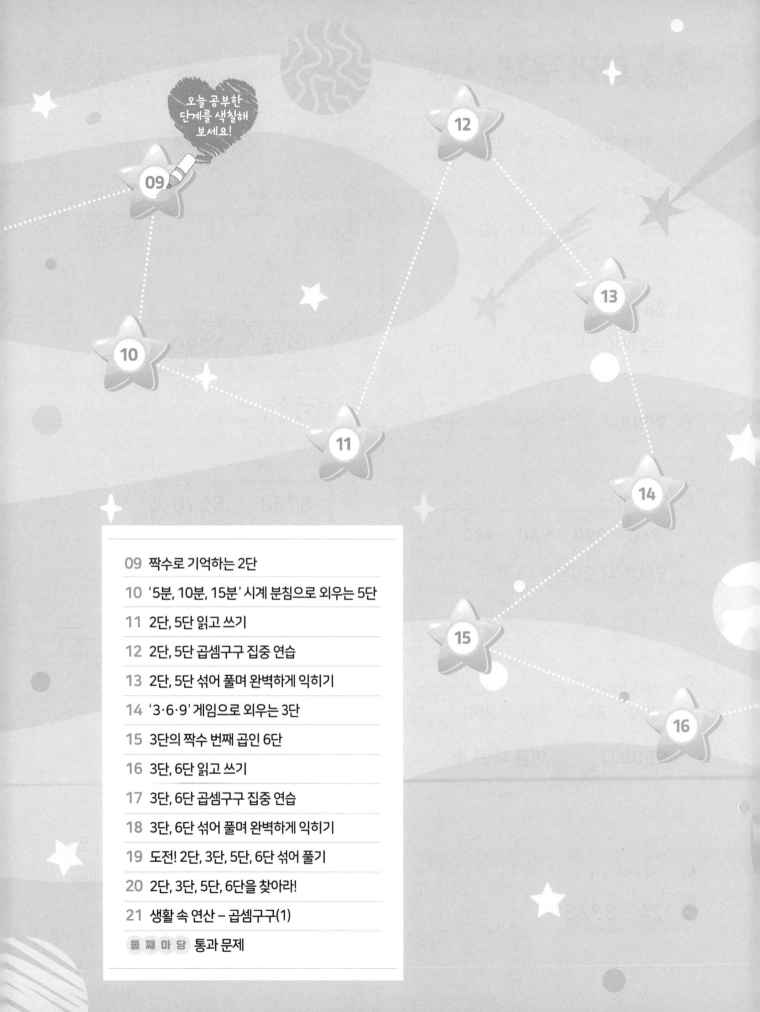

둘째 마당

곱셈구구(1)

교과서 2. 곱셈구구

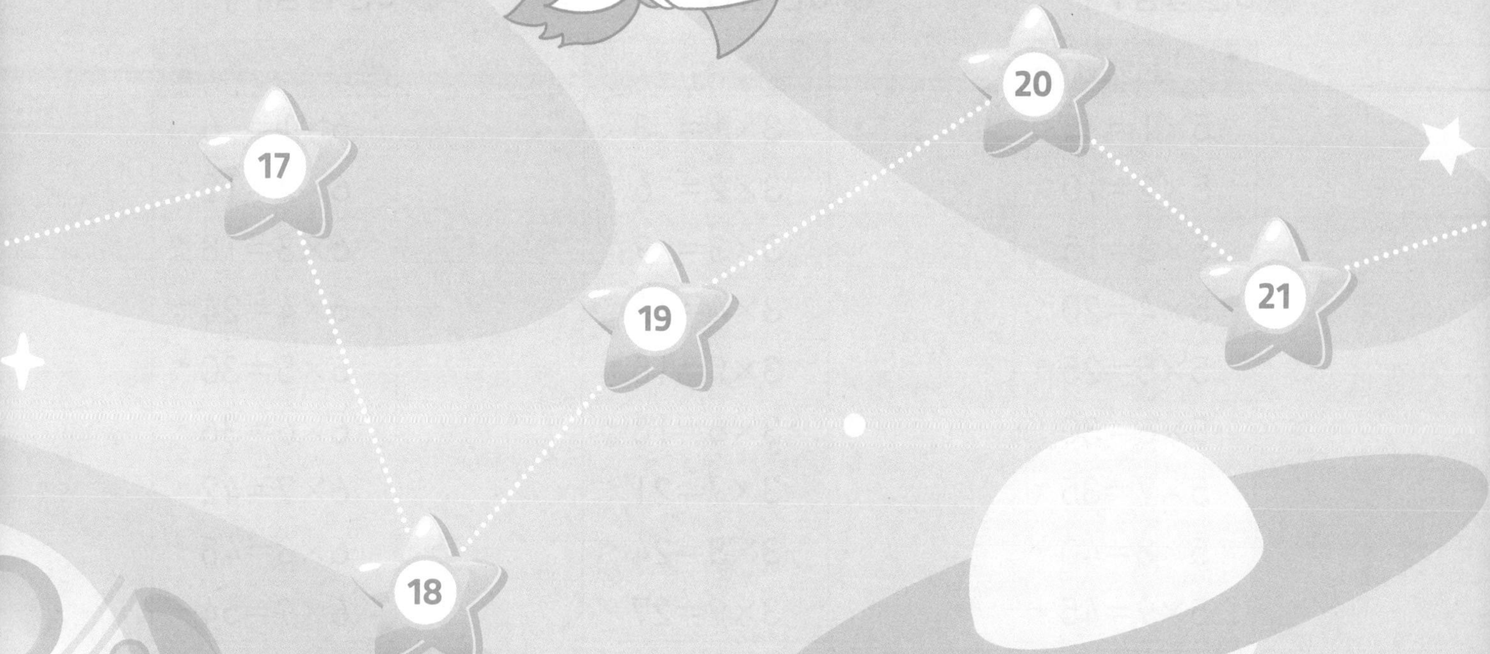

바빠 개념 쏙쏙!

모두 '짝수'

☆ 2단 곱셈구구

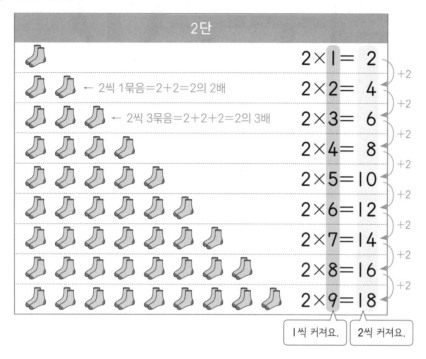

2단	
	2×1= 2
← 2씩 1묶음=2+2=2의 2배	2×2= 4
← 2씩 3묶음=2+2+2=2의 3배	2×3= 6
	2×4= 8
	2×5=10
	2×6=12
	2×7=14
	2×8=16
	2×9=18

+2 +2 +2 +2 +2 +2 +2 +2

1씩 커져요. 2씩 커져요.

☆ 5단 곱셈구구

5단
5×1= 5
5×2=10
5×3=15
5×4=20
5×5=25
5×6=30
5×7=35
5×8=40
5×9=45

+5 +5 +5 +5 +5 +5 +5 +5

시계의 분침을 생각하면 쉬워요!
5분, 10분, 15분…….

☆ 3단 곱셈구구

3단
3×1= 3
3×2= 6
3×3= 9
3×4=12
3×5=15
3×6=18
3×7=21
3×8=24
3×9=27

+3 +3 +3 +3 +3 +3 +3 +3

3단의 짝수 번째 곱!

☆ 6단 곱셈구구

6단
6×1= 6
6×2=12
6×3=18
6×4=24
6×5=30
6×6=36
6×7=42
6×8=48
6×9=54

+6 +6 +6 +6 +6 +6 +6 +6

09 짝수로 기억하는 2단

집중 시간 2분

※ 그림을 보고 □ 안에 알맞은 수나 말을 써넣으세요.

2단은 가장 외우기 쉬워요! 짝수로 생각하면 돼요.

❶ 
2

+2 곱하는 수가 1씩 커지면 곱은 2씩 커져요.

$2 \times 1 =$ [2]
이 일은 이

❷ 
2 + 2

+2

$2 \times 2 =$ [4]
이 이 사

❸ 
2 + 2 + 2

+2

$2 \times 3 =$ □
이 삼 육

❹ 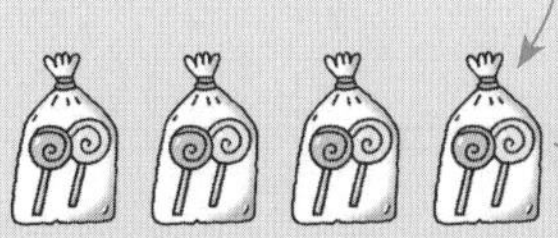
2 + 2 + 2 + 2

+2

$2 \times$ □ $=$ □
이 사 팔

❺ 

+2

$2 \times$ □ $=$ □
이 오 [십]

❻ 

+2

$2 \times$ □ $=$ □
이 육 □

❼ 

+2

$2 \times$ □ $=$ □
이 칠 □

❽ 

+2

□ $\times$ □ $=$ □
이 팔 □

❾ 

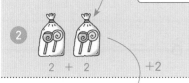

□ $\times$ □ $=$ □
이 구 □

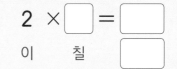

집중 시간 2분

✂ 곱셈을 하세요.

2단은 둘, 넷, 여섯……으로
물건을 짝을 지어 셀 때 편해요.

					십	일							십	일
❶	2	×	1	=		2		⑩	2	×	9	=		
❷	2	×	2	=				⑪	2	×	8	=		
❸	2	×	3	=				⑫	2	×	7	=		
❹	2	×	4	=				⑬	2	×	6	=		
❺	2	×	5	=				⑭	2	×	5	=		
❻	2	×	6	=				⑮	2	×	4	=		
❼	2	×	7	=				⑯	2	×	3	=		
❽	2	×	8	=				⑰	2	×	2	=		
❾	2	×	9	=				⑱	2	×	1	=		

덧셈식으로 나타내면 2+2+2

10 '5분, 10분, 15분' 시계 분침으로 외우는 5단

집중 시간 2분

그림을 보고 □ 안에 알맞은 수나 말을 써넣으세요.

5단은 시계의 분침을 생각하면 쉬워요.
5분, 10분, 15분, 20분…….

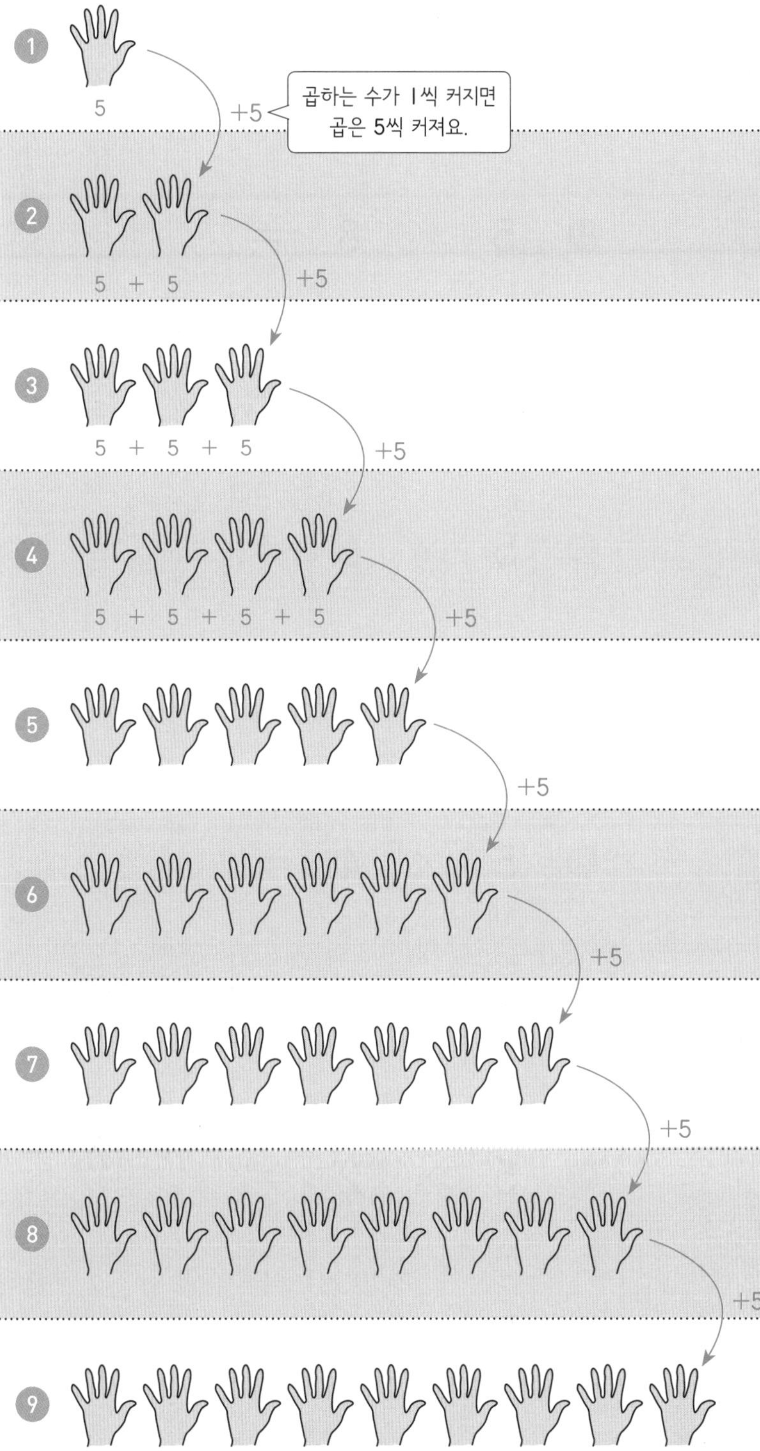

1. 5 × 1 = [5]
오 일은 오

2. 5 × 2 = [10]
오 이 십

3. 5 × 3 = □
오 삼 십오

4. 5 × □ = □
오 사 이십

5. 5 × □ = □
오 오 [이십오]

6. 5 × □ = □
오 육 □

7. 5 × □ = □
오 칠 □

8. □ × □ = □
오 팔 □

9. □ × □ = □
오 구 □

집중 시간 2분

곱셈을 하세요.

					십	일						십	일
①	5	×	1	=		5	⑩	5	×	9	=		
②	5	×	2	=			⑪	5	×	8	=		
③	5	×	3	=			⑫	5	×	7	=		
④	5	×	4	=			⑬	5	×	6	=		
⑤	5	×	5	=			⑭	5	×	5	=		
⑥	5	×	6	=			⑮	5	×	4	=		
⑦	5	×	7	=			⑯	5	×	3	=		
⑧	5	×	8	=			⑰	5	×	2	=		
⑨	5	×	9	=			⑱	5	×	1	=		

덧셈식으로 나타내면 5+5+5

꿀팁!

곱의 일의 자리에서
5와 0이 반복돼요.

11 2단, 5단 읽고 쓰기

집중 시간 3분

'이 일은 이'처럼 '곱하기'를 빼고 외우면 편해요!

2단을 바르게 읽고, 써 보세요.

		읽기	쓰기
1	2 × 1 = [2]	이 일은 [이]	2 × 1 = 2
2	2 × 2 = □	이 이 □	2 × 2 =
3	2 × 3 = □	이 삼 □	2 ×
4	2 × □ = 8	이 □ 팔	2 ×
5	2 × □ = 10	이 □ 십	2 ×
6	2 × □ = 12	□ 육 □	2 ×
7	2 × □ = 14	□ 칠 □	2 ×
8	2 × □ = 16	□ 팔 □	
9	2 × □ = 18	□	

집중 시간 3분

5단을 바르게 읽고, 써 보세요.

		읽기	쓰기
①	5 × 1 = □	오 일은 □	5 × 1 = 5
②	5 × 2 = □	오 이 □	5 × 2 =
③	5 × 3 = □	오 삼 □	5 ×
④	5 × □ = 20	오 □ 이십	5 ×
⑤	5 × □ = 25	오 □ 이십오	5 ×
⑥	5 × □ = 30	□ 육 삼십	5 ×
⑦	5 × □ = 35	□ 칠 □	5 ×
⑧	5 × □ = 40	□ 팔 □	
⑨	5 × □ = 45	□	

12 2단, 5단 곱셈구구 집중 연습

집중 시간 2분

곱셈을 하세요.

① $2\times2=$

'이 이 사' 소리 내어 외우며 푸세요~

② $2\times5=$

③ $2\times1=$

④ $2\times6=$

⑤ $2\times7=$

⑥ $2\times3=$

⑦ $2\times9=$

⑧ $2\times8=$

⑨ $2\times4=$

2×4는 2+2+2+2와 같아요.

⑩ $2\times6=$

⑪ $2\times2=$

⑫ $2\times5=$

⑬ $2\times3=$

⑭ $2\times9=$

⑮ $2\times8=$

⑯ $2\times7=$

집중 시간 2분

곱셈을 하세요.

① $5 \times 2 =$

'오 이 십' 소리 내어 외워 보세요.

② $5 \times 4 =$

③ $5 \times 8 =$

④ $5 \times 5 =$

⑤ $5 \times 6 =$

⑥ $5 \times 3 =$

⑦ $5 \times 7 =$

⑧ $5 \times 1 =$

⑨ $5 \times 9 =$

5×9는 5를 9번 더한 것과 같아요.

⑩ $5 \times 3 =$

⑪ $5 \times 8 =$

⑫ $5 \times 7 =$

⑬ $5 \times 4 =$

⑭ $5 \times 5 =$

⑮ $5 \times 6 =$

⑯ $5 \times 9 =$

13 2단, 5단 섞어 풀며 완벽하게 익히기

집중 시간 2분

곱셈을 하세요.

① $5\times3=$

② $2\times2=$

③ $5\times1=$

④ $2\times3=$

⑤ $5\times4=$

⑥ $2\times5=$

⑦ $2\times1=$

⑧ $5\times2=$

⑨ $2\times4=$

⑩ $5\times5=$

⑪ $2\times9=$

⑫ $2\times6=$

⑬ $5\times9=$

* 2단, 5단 곱셈구구에서 일의 자리 숫자의 규칙

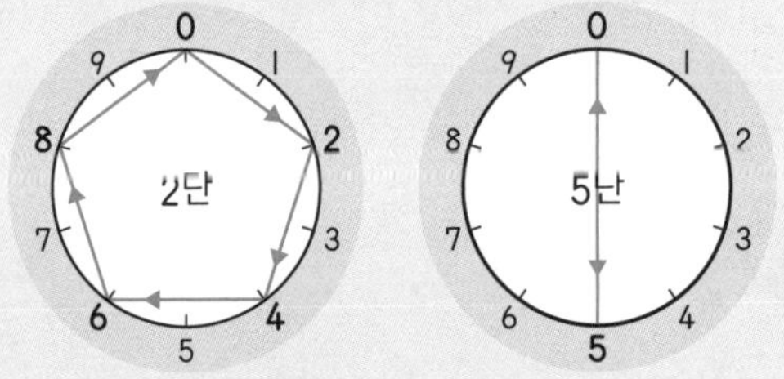

- 2단: 일의 자리 숫자가 2－4－6－8－0 순서로 반복돼요.
- 5단: 일의 자리 숫자가 5－0 순서로 반복돼요.

집중 시간 2분

곱셈을 하세요.

❶ $2\times5=$

❷ $2\times4=$

❸ $5\times3=$

❹ $2\times6=$

❺ $5\times5=$

❻ $5\times8=$

❼ $2\times3=$

❽ $5\times2=$

앗! 실수

❾ $2\times7=$

❿ $5\times7=$

⓫ $2\times9=$

⓬ $5\times9=$

⓭ $2\times8=$

⓮ $5\times6=$

규칙을 이해하니
2단, 5단 곱셈구구는
너무 쉽죠?

14 **'3·6·9' 게임으로 외우는 3단**

집중 시간
2분

그림을 보고 ☐ 안에 알맞은 수나 말을 써넣으세요.

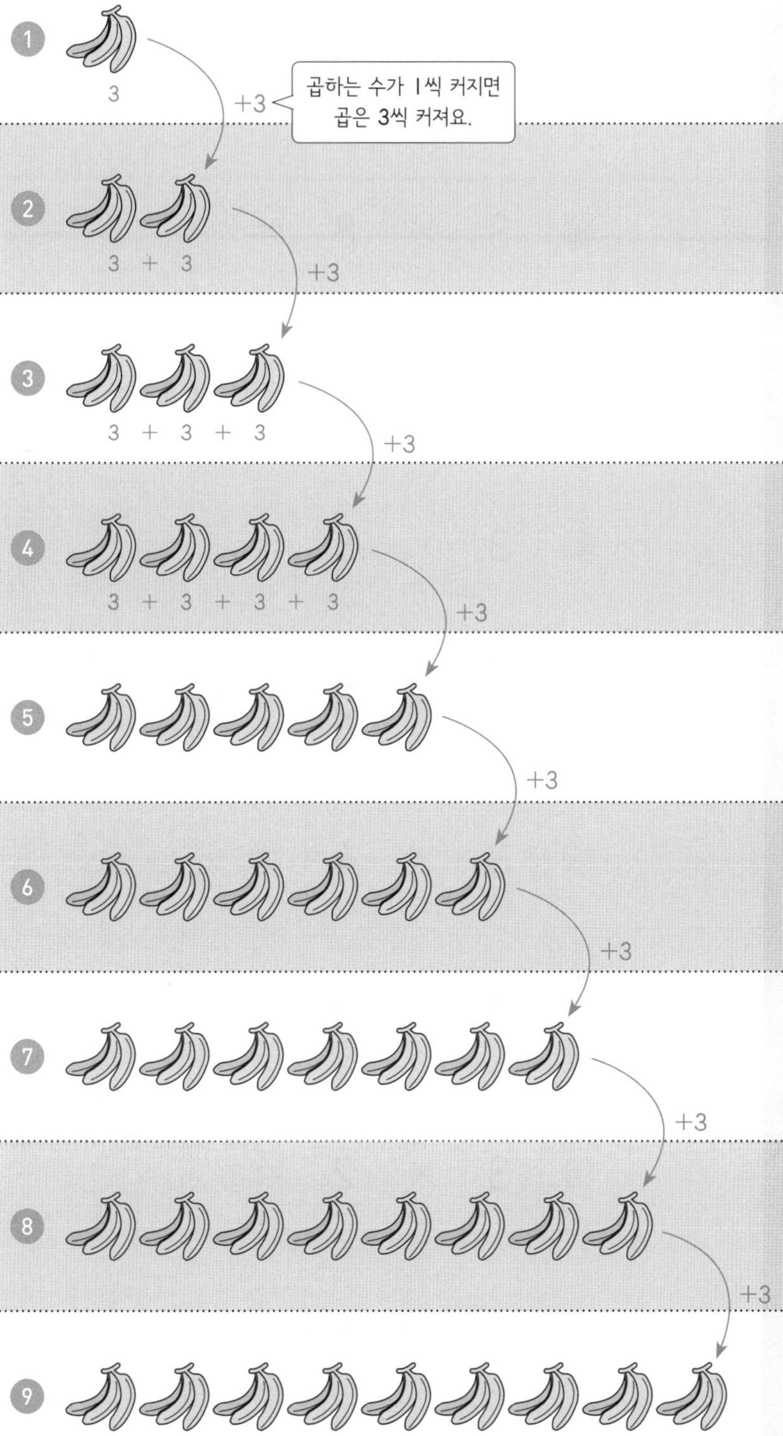

① 3

> 곱하는 수가 1씩 커지면
> 곱은 3씩 커져요.

$3 \times 1 = \boxed{3}$
삼 　 일은 　 삼

② 3 + 3

$3 \times 2 = \boxed{6}$
삼 　 이 　 육

③ 3 + 3 + 3

$3 \times 3 = \boxed{}$
삼 　 삼 　 구

④ 3 + 3 + 3 + 3

$3 \times \boxed{} = \boxed{}$
삼 　 사 　 십이

⑤

$3 \times \boxed{} = \boxed{}$
삼 　 오 　 십오

⑥

$3 \times \boxed{} = \boxed{}$
삼 　 육 　 ☐

⑦

$3 \times \boxed{} = \boxed{}$
삼 　 칠 　 ☐

⑧

$\boxed{} \times \boxed{} = \boxed{}$
삼 　 팔 　 ☐

⑨

$\boxed{} \times \boxed{} = \boxed{}$
삼 　 구 　 ☐

집중 시간 2분

'3·6·9' 게임으로 외워 볼까요?
일, 이, 짝!, 사, 오, 짝!, 칠, 팔, 짝!……

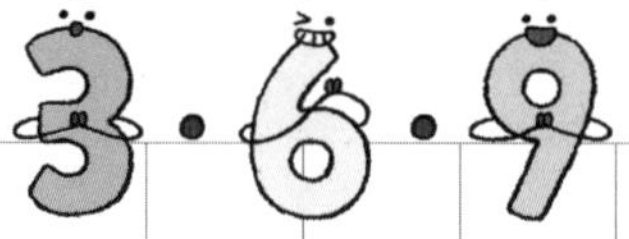

곱셈을 하세요.

							십	일
①	3	×	1	=				3
②	3	×	2	=				
③	3	×	3	=				
④	3	×	4	=				
⑤	3	×	5	=				
⑥	3	×	6	=				
⑦	3	×	7	=				
⑧	3	×	8	=				
⑨	3	×	9	=				

3×9는 3을 9번 더한 것과 같아요.

							십	일
⑩	3	×	9	=				
⑪	3	×	8	=				
⑫	3	×	7	=				
⑬	3	×	6	=				
⑭	3	×	5	=				
⑮	3	×	4	=				
⑯	3	×	3	=				
⑰	3	×	2	=				
⑱	3	×	1	=				

15 3단의 짝수 번째 곱인 6단

집중 시간 2분

그림을 보고 □ 안에 알맞은 수나 말을 써넣으세요.

6단은 친구들이 어려워하는 곱셈구구예요. 큰 소리로 소리 내어 외워 봐요.

① 6

$6 \times 1 =$ [6]
육 일은 육

+6 곱하는 수가 1씩 커지면 곱은 6씩 커져요.

② 6 + 6

$6 \times 2 =$ [12]
육 이 십이

+6

③ 6 + 6 + 6

$6 \times 3 =$ □
육 삼 십팔

+6

④ 6 + 6 + 6 + 6

$6 \times$ □ $=$ □
육 사 이십사

+6

⑤

$6 \times$ □ $=$ □
육 오 [삼십]

+6

⑥

$6 \times$ □ $=$ □
육 육 □

+6

⑦

$6 \times$ □ $=$ □
육 칠 □

+6

⑧

□ $\times$ □ $=$ □
육 팔 □

+6

⑨

□ $\times$ □ $=$ □
육 구 □

집중 시간 2분

곱셈을 하세요.

6단은 3단의 짝수 번째 곱을 떠올려 봐요!
3, ⑥, 9, ⑫, 15, ⑱, 21, ㉔, 27

					십	일							십	일	
❶	6	×	1	=		6		❿	6	×	9	=			
❷	6	×	2	=				⓫	6	×	8	=			
❸	6	×	3	=				⓬	6	×	7	=			
❹	6	×	4	=				⓭	6	×	6	=			
❺	6	×	5	=				⓮	6	×	5	=			
❻	6	×	6	=				⓯	6	×	4	=			
❼	6	×	7	=				⓰	6	×	3	=			
❽	6	×	8	=				⓱	6	×	2	=			
❾	6	×	9	=				⓲	6	×	1	=			

16 3단, 6단 읽고 쓰기

집중 시간 3분

3단을 바르게 읽고, 써 보세요.

		읽기	쓰기
1	3× 1 = 3	삼 일은 삼	3 × 1 = 3
2	3× 2 = □	삼 이 □	3 × 2 =
3	3× 3 = □	삼 삼 □	3 ×
4	3× □ = 12	삼 □ 십이	3 ×
5	3× □ = 15	삼 □ 십오	3 ×
6	3× □ = 18	□ 육 □	3 ×
7	3× □ = 21	□ 칠 □	3 ×
8	3× □ = 24	□ 팔 □	
9	3× □ = 27	□	

집중 시간 3분

6단을 바르게 읽고, 써 보세요.

		읽기	쓰기
❶	$6\times 1=\square$	육 일은 □	$6\times 1=6$
❷	$6\times 2=\square$	육 이 □	$6\times 2=$
❸	$6\times 3=\square$	육 삼 □	$6\times$
❹	$6\times\square=24$	육 □ 이십사	$6\times$
❺	$6\times\square=30$	육 □ 삼십	$6\times$
❻	$6\times\square=36$	□ 육 □	$6\times$
❼	$6\times\square=42$	□ 칠 □	$6\times$
❽	$6\times\square=48$	□ 팔 □	
❾	$6\times\square=54$	□	

17 3단, 6단 곱셈구구 집중 연습

집중 시간 2분

곱셈을 하세요.

① $3 \times 2 =$

'삼 이 육' 소리 내어 외우며 푸세요~

② $3 \times 5 =$

③ $3 \times 7 =$

④ $3 \times 1 =$

⑤ $3 \times 3 =$

⑥ $3 \times 8 =$

⑦ $3 \times 4 =$

⑧ $3 \times 9 =$

⑨ $3 \times 6 =$

⑩ $3 \times 8 =$

⑪ $3 \times 2 =$

⑫ $3 \times 4 =$

⑬ $3 \times 9 =$

⑭ $3 \times 5 =$

⑮ $3 \times 7 =$

헷갈리는 것만 ☆ 표시를 하고
큰 소리로 읽어 봐요!

집중 시간 2분

곱셈을 하세요.

① $6\times6=$

'육 육 삼십육' 소리 내어 외우며 푸세요~

② $6\times2=$

③ $6\times5=$

④ $6\times8=$

⑤ $6\times7=$

⑥ $6\times1=$

⑦ $6\times3=$

⑧ $6\times9=$

⑨ $6\times3=$

⑩ $6\times4=$

⑪ $6\times7=$

⑫ $6\times2=$

⑬ $6\times9=$

⑭ $6\times6=$

⑮ $6\times5=$

6단부터는 실수하기 쉬워요.
헷갈린 곱셈구구를
꼭 확인하고 넘어가요~

18 3단, 6단 섞어 풀며 완벽하게 익히기

집중 시간 2분

곱셈을 하세요.

① $3\times3=$

② $3\times6=$

③ $6\times2=$

④ $6\times5=$

⑤ $3\times2=$

⑥ $6\times3=$

⑦ $3\times7=$

⑧ $6\times1=$

⑨ $6\times9=$

⑩ $3\times8=$

⑪ $6\times8=$

⑫ $3\times5=$

⑬ $6\times4=$

⑭ $3\times9=$

⑮ $6\times6=$

⑯ $3\times4=$

집중 시간 2분

곱셈을 하세요.

① $3\times5=$

② $3\times3=$

③ $6\times6=$

④ $3\times6=$

⑤ $6\times4=$

⑥ $6\times5=$

⑦ $3\times4=$

⑧ $6\times3=$

앗! 실수

⑨ $3\times8=$

⑩ $6\times7=$

⑪ $6\times9=$

⑫ $3\times7=$

⑬ $3\times9=$

⑭ $6\times8=$

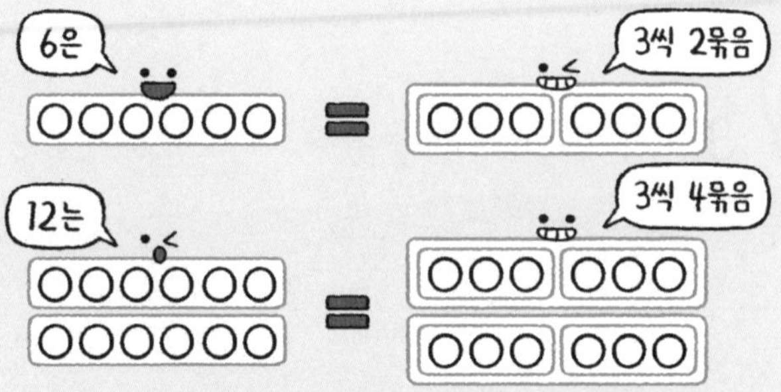

6단 곱셈구구는 3단 곱셈구구로 계산할 수도 있어요.

19 도전! 2단, 3단, 5단, 6단 섞어 풀기

집중 시간 3분

곱셈을 하세요.

여기까지 오다니 정말 수고했어요!
지금까지 배운 곱셈구구를 섞어서 풀어 봐요~

1. $2\times6=$
2. $5\times7=$
3. $6\times4=$
4. $3\times8=$
5. $2\times8=$
6. $5\times3=$
7. $3\times9=$
8. $6\times7=$
9. $3\times4=$
10. $2\times9=$
11. $5\times8=$
12. $6\times9=$
13. $2\times7=$
14. $6\times6=$
15. $5\times9=$
16. $6\times8=$

※ 가운데 수와 바깥 수를 곱하여 빈 곳에 알맞은 수를 써넣으세요.

①

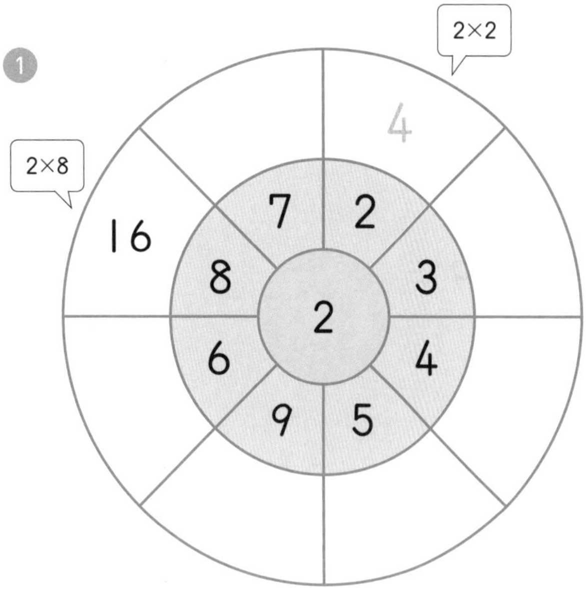

③

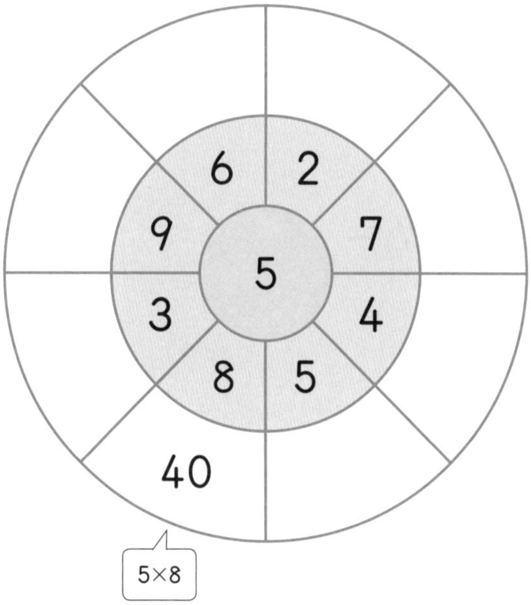

②

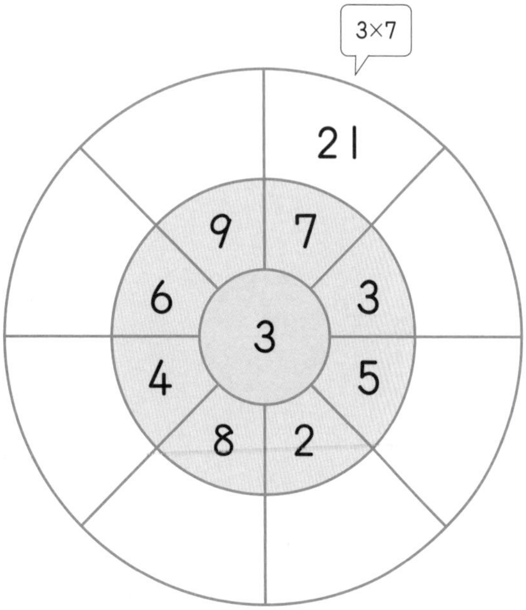

④

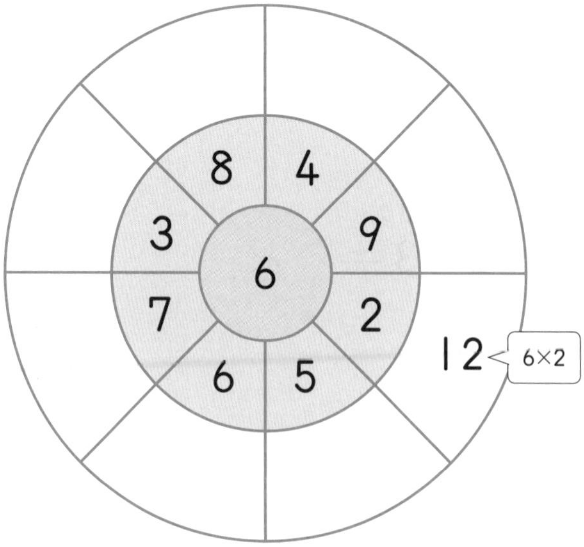

20 2단, 3단, 5단, 6단을 찾아라!

집중 시간 4분

2단과 3단 곱셈구구의 값을 찾아 선으로 이어 보세요.

❶ 2단

순서대로 찾지 않아도 돼요.
2단 곱셈구구의 값만 찾아보세요~

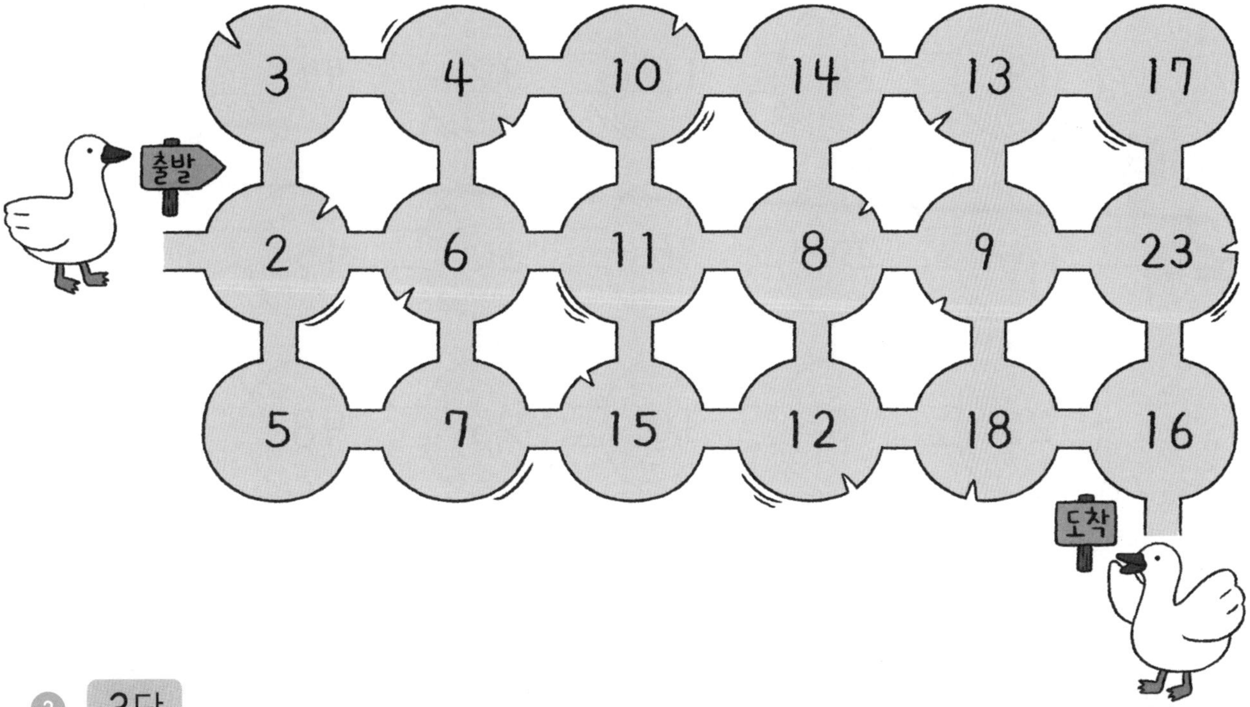

❷ 3단

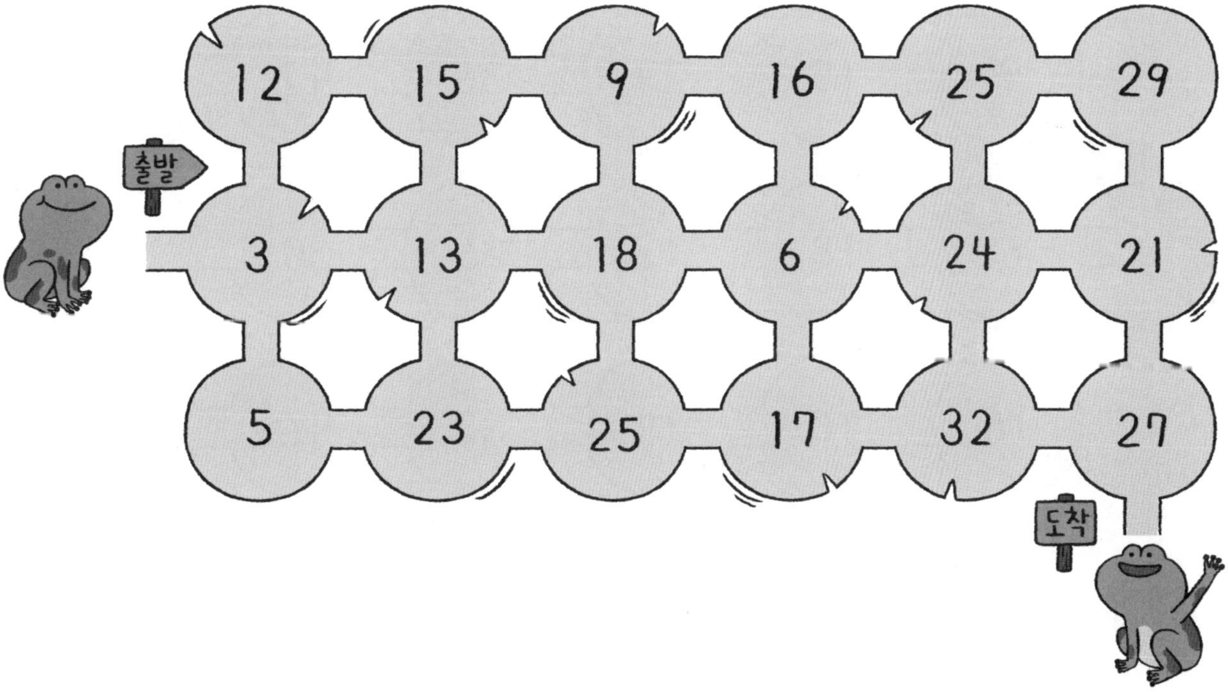

집중 시간 4분

※ 5단과 6단 곱셈구구의 값을 찾아 선으로 이어 보세요.

① 5단

5단 곱셈구구의 값은 5, 10, 15…….

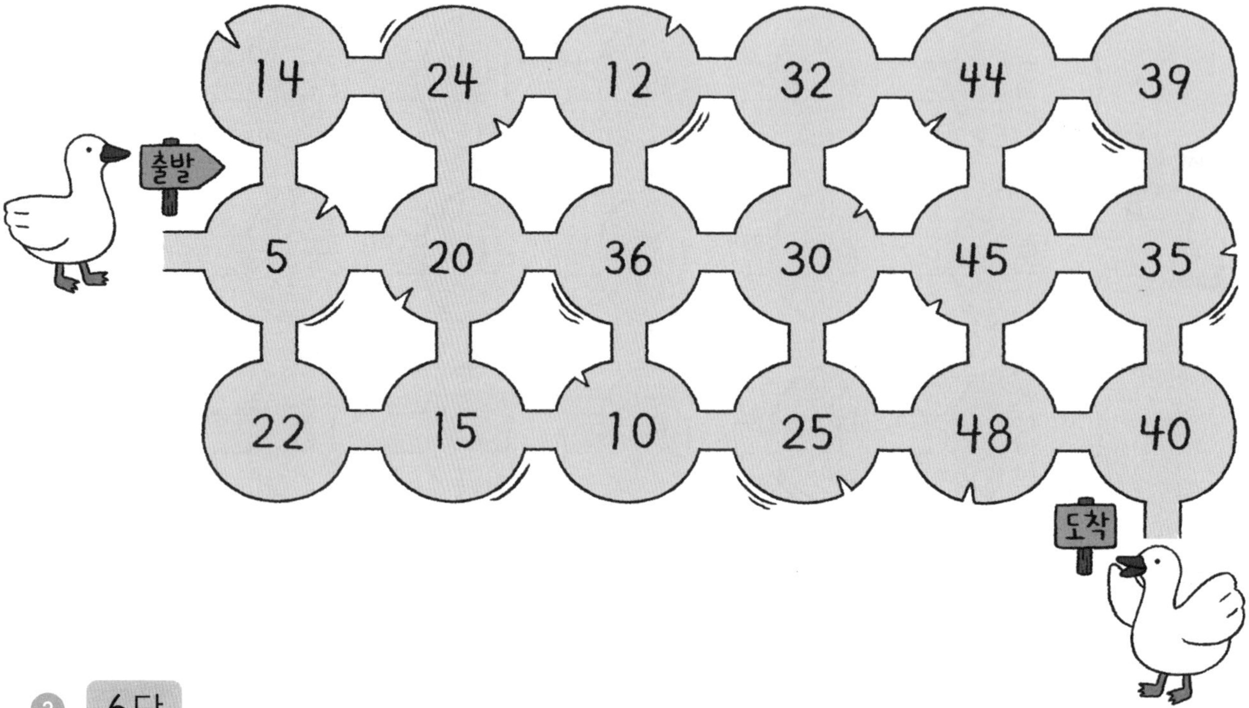

② 6단

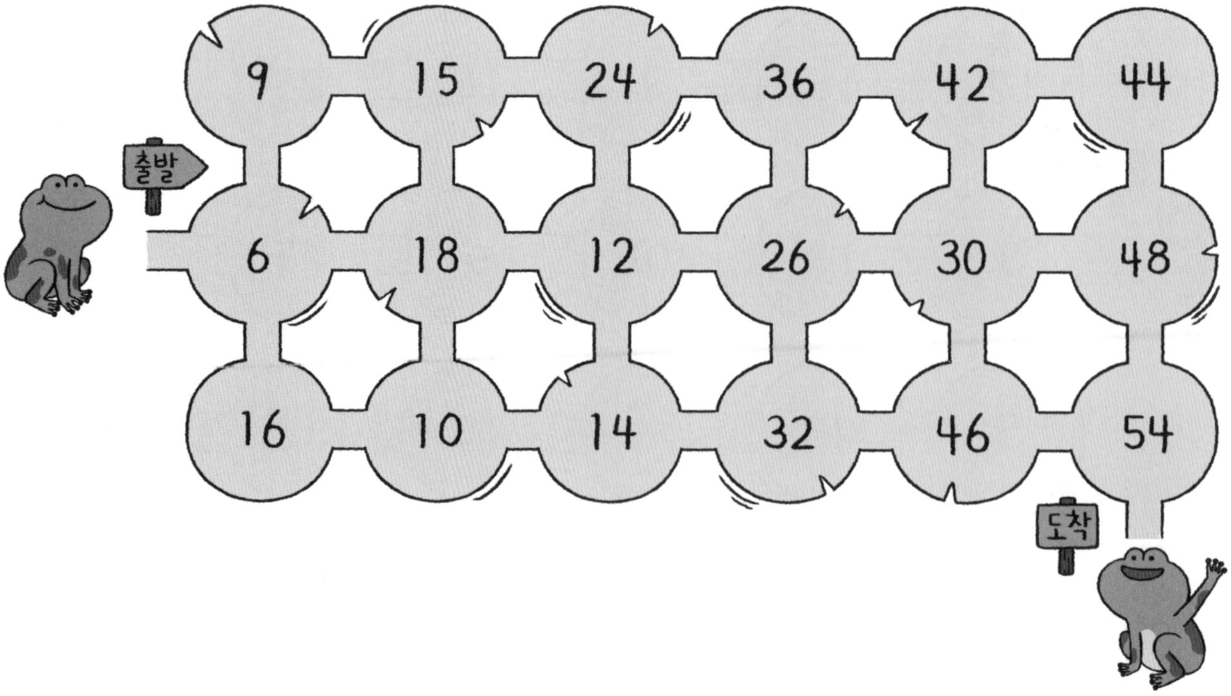

21 생활 속 연산 - 곱셈구구(1)

집중 시간 3분

그림을 보고 □ 안에 알맞은 수를 써넣으세요.

1

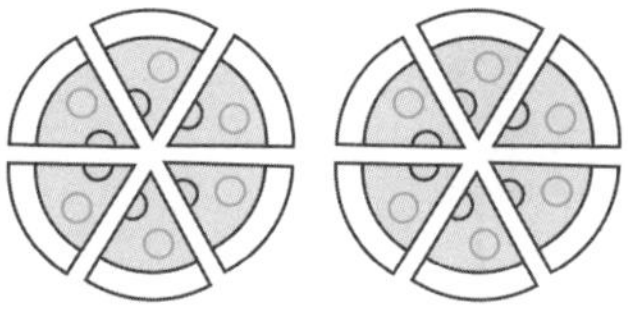

6 × □ = □

6조각으로 자른 피자가 2판 있습니다.

피자는 모두 □ 조각입니다.

2

2 × □ = □

젓가락 한 쌍은 2짝입니다.

젓가락 7쌍은 모두 □ 짝입니다.

3

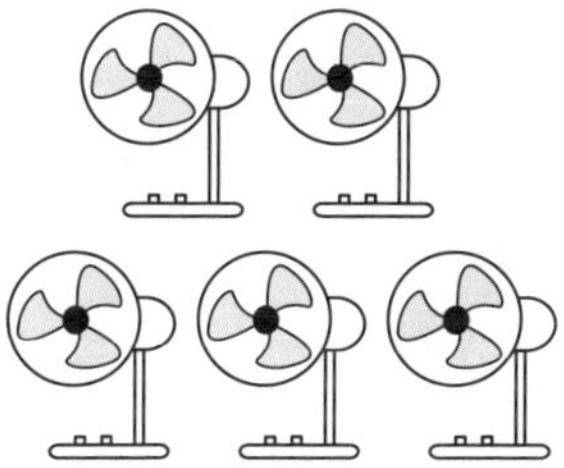

3 × □ = □

날개가 3개씩 달린 선풍기가 □ 대 있습니다.

선풍기의 날개는 모두 □ 개입니다.

4

□ × 6 = □

□ 개씩 묶여 있는 풍선이 6묶음 있습니다.

풍선은 모두 □ 개입니다.

통 안에 든 사탕과 같은 값이 적힌 동전을 넣으면 사탕이 나옵니다. 동전을 넣어 사탕을 모두 꺼낸 다음 남아 있는 동전에 ◯표 하세요.

곱셈을 하고 동전을 하나씩 지워 봐요!

동전

12 18 20 24 27 36 35 42

이제 통과 문제를 확인해 봐!

*틀린 문제는 꼭 다시 확인하고 넘어가요!

□ 안에 알맞은 수를 써넣으세요.

① 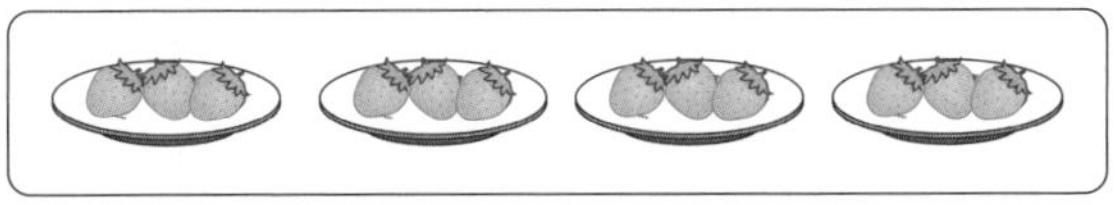

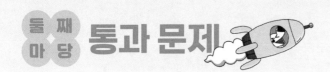

딸기의 수: 3 × □ = □

② 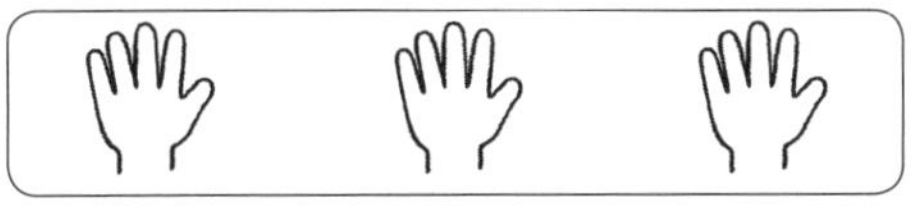

손가락 개수: 5 × □ = □

③ 6 × 4 = □

④ 3 × 8 = □

⑤ 2 × 9 = □

⑥ 5 × 7 = □

⑦ 5 × 9 = □

⑧ 6 × 7 = □

⑨ 3 × 9 = □

⑩ 6 × 9 = □

⑪ 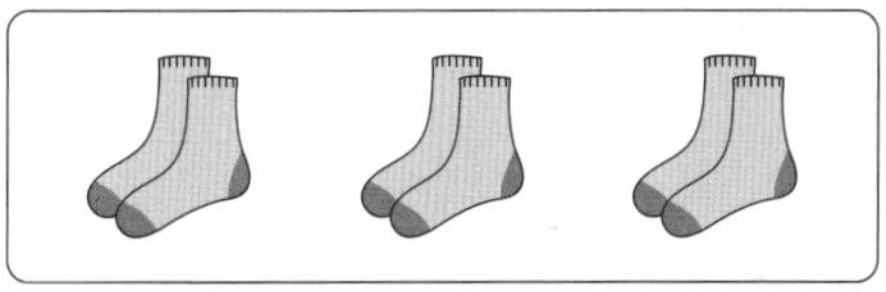

양말 1쌍은 2짝입니다. 양말 3쌍은 모두 □ 짝입니다.

⑫ 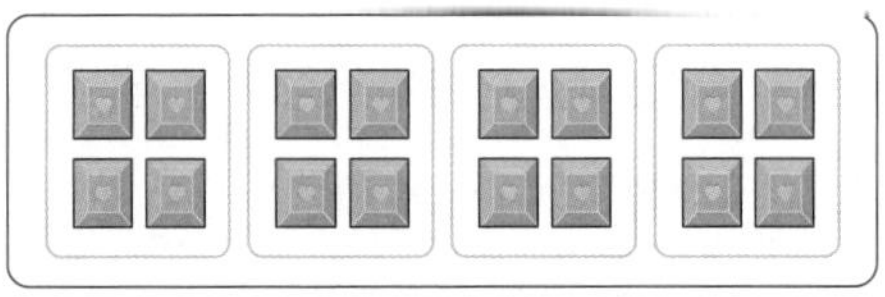

초콜렛은 한 묶음에 4개입니다. 초콜렛은 모두 □ 개입니다.

오늘 공부한
단계를 색칠해
보세요!
22
23
24
25
26
27
28
29

셋째 마당

곱셈구구(2)

교과서 2. 곱셈구구

바빠 개념 쏙쏙!

모두 '짝수'

☆ 4단 곱셈구구

4단	
4×1= 4	
4×2= 8	+4
4×3=12	+4
4×4=16	+4
4×5=20	+4
4×6=24	+4
4×7=28	+4
4×8=32	+4
4×9=36	+4

4단의 짝수 번째 곱!

☆ 8단 곱셈구구

8단	
8×1= 8	
8×2=16	+8
8×3=24	+8
8×4=32	+8
8×5=40	+8
8×6=48	+8
8×7=56	+8
8×8=64	+8
8×9=72	+8

☆ 7단 곱셈구구

7단	
7×1= 7	
7×2=14	+7
7×3=21	+7
7×4=28	+7
7×5=35	+7
7×6=42	+7
7×7=49	+7
7×8=56	+7
7×9=63	+7

☆ 9단 곱셈구구

9단	
9×1= 9	
9×2=18	+9
9×3=27	+9
9×4=36	+9
9×5=45	+9
9×6=54	+9
9×7=63	+9
9×8=72	+9
9×9=81	+9

9
18 합: 9
27 합: 9
36
45
54
63
72 합: 9
81 합: 9

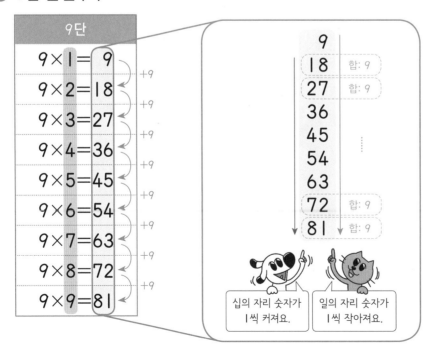

십의 자리 숫자가 1씩 커져요.
일의 자리 숫자가 1씩 작아져요.

22 2단의 짝수 번째 곱인 4단

집중 시간 2분

그림을 보고 □ 안에 알맞은 수나 말을 써넣으세요.

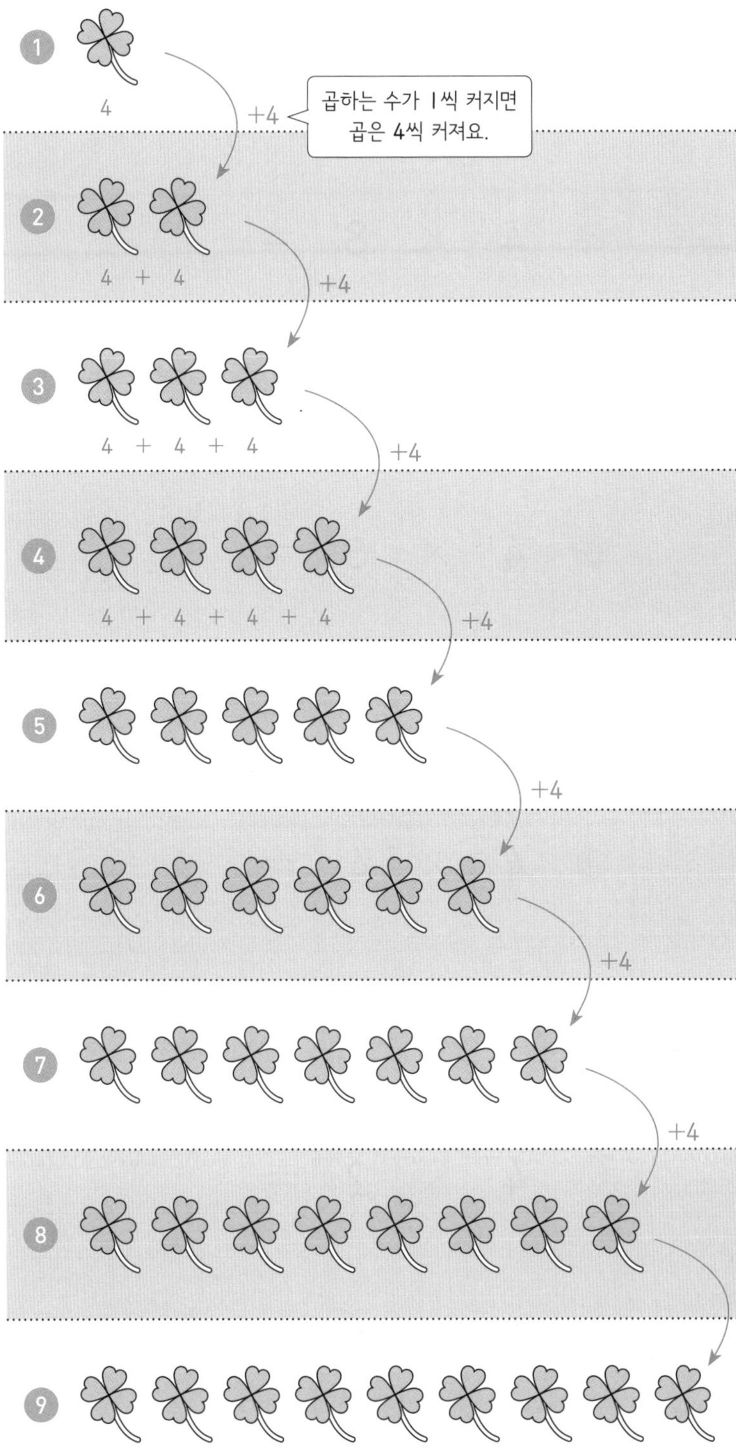

1. $4 \times 1 =$ [4]
   사 일은 사

2. $4 \times 2 =$ [8]
   사 이 팔

3. $4 \times 3 =$ □
   사 삼 십이

4. $4 \times$ □ $=$ □
   사 사 십육

5. $4 \times$ □ $=$ □
   사 오 [이십]

6. $4 \times$ □ $=$ □
   사 육 □

7. $4 \times$ □ $=$ □
   사 칠 □

8. □ $\times$ □ $=$ □
   사 팔 □

9. □ $\times$ □ $=$ □
   사 구 □

집중 시간 2분

곱셈을 하세요.

4는 2씩 2묶음으로 4의 배수는 모두 짝수예요.

					십	일							십	일	
①	4	×	1	=		4		⑩	4	×	9	=			
②	4	×	2	=				⑪	4	×	8	=			
③	4	×	3	=				⑫	4	×	7	=			
④	4	×	4	=				⑬	4	×	6	=			
⑤	4	×	5	=				⑭	4	×	5	=			
⑥	4	×	6	=				⑮	4	×	4	=			
⑦	4	×	7	=				⑯	4	×	3	=			
⑧	4	×	8	=				⑰	4	×	2	=			
⑨	4	×	9	=				⑱	4	×	1	=			

4×8은 4를 8번 더한 것과 같아요.

23 4단의 짝수 번째 곱인 8단

집중 시간 2분

그림을 보고 □ 안에 알맞은 수나 말을 써넣으세요.

8단은 친구들이 어려워하는 곱셈구구예요. 큰 소리로 소리 내며 익혀 봐요.

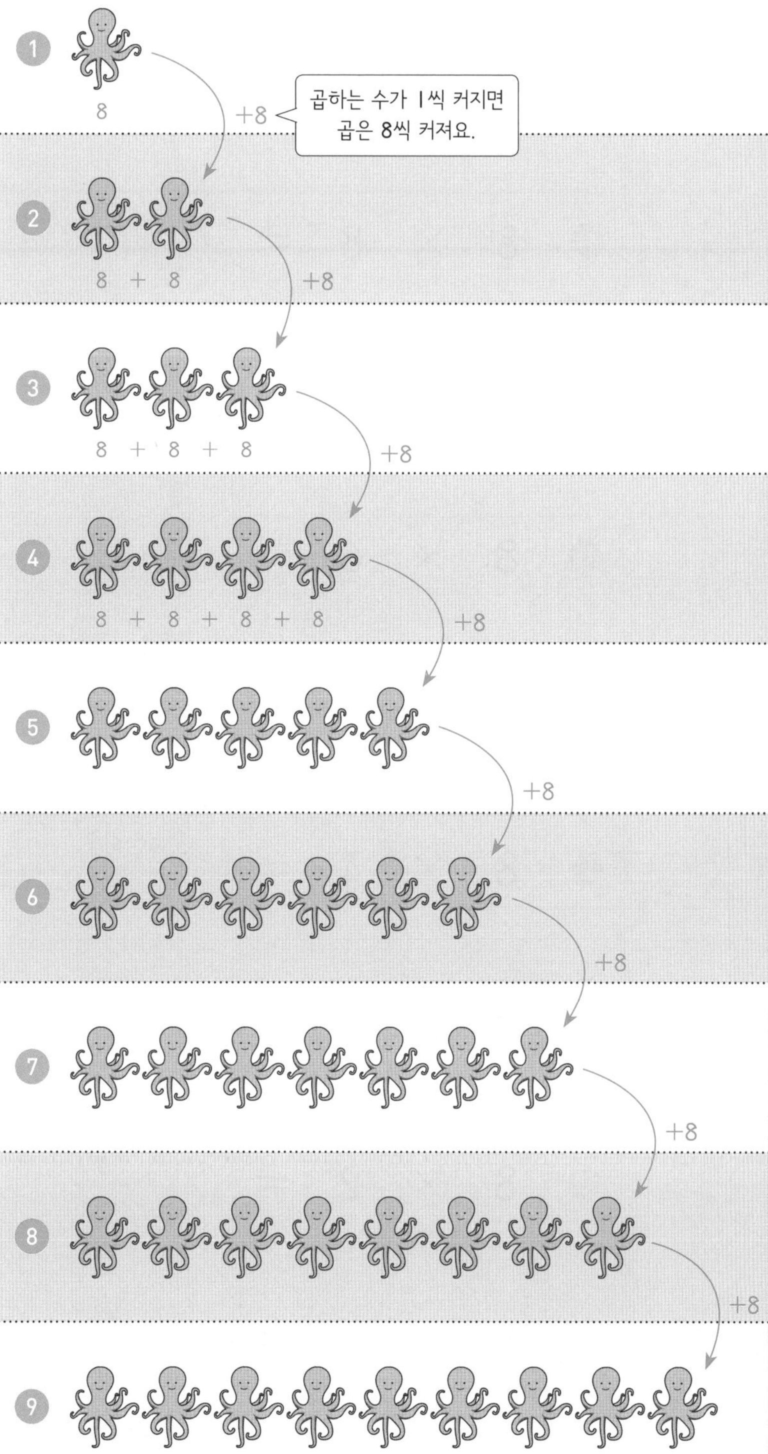

① $8 \times 1 = 8$
팔 일은 팔

② $8 \times 2 = 16$
팔 이 십육

③ $8 \times 3 = \square$
팔 삼 이십사

④ $8 \times \square = \square$
팔 사 삼십이

⑤ $8 \times \square = \square$
팔 오 사십

⑥ $8 \times \square = \square$
팔 육 □

⑦ $8 \times \square = \square$
팔 칠 □

⑧ $\square \times \square = \square$
팔 팔 □

⑨ $\square \times \square = \square$
팔 구 □

집중 시간 2분

곱셈을 하세요.

4단의 짝수 번째 곱을 떠올리세요!
4, ⑧, 12, ⑯, 20, ㉔, 28, ㉜, 36 …….

					십	일							십	일
❶	8	×	1	=		8		❿	8	×	9	=		
❷	8	×	2	=				⓫	8	×	8	=		
❸	8	×	3	=				⓬	8	×	7	=		
❹	8	×	4	=				⓭	8	×	6	=		
❺	8	×	5	=				⓮	8	×	5	=		
❻	8	×	6	=				⓯	8	×	4	=		
❼	8	×	7	=				⓰	8	×	3	=		
❽	8	×	8	=				⓱	8	×	2	=		
❾	8	×	9	=				⓲	8	×	1	=		

덧셈식으로 나타내면 8+8!

24 4단, 8단 읽고 쓰기

집중 시간 3분

4단을 바르게 읽고, 써 보세요.

	읽기	쓰기
① 4 × 1 = [4]	사 일은 [사]	4 × 1 = 4
② 4 × 2 = [ ]	사 이 [ ]	4 × 2 =
③ 4 × 3 = [ ]	사 삼 [ ]	4 ×
④ 4 × [ ] = 16	사 [ ] 십육	4 ×
⑤ 4 × [ ] = 20	사 [ ] 이십	4 ×
⑥ 4 × [ ] = 24	[ ] 육 [ ]	4 ×
⑦ 4 × [ ] = 28	[ ] 칠 [ ]	4 ×
⑧ 4 × [ ] = 32	[ ] 팔 [ ]	
⑨ 4 × [ ] = 36	[ ]	

집중 시간 3분

8단을 바르게 읽고, 써 보세요.

		읽기	쓰기
❶	8 × 1 = □	팔 일은 □	8 × 1 = 8
❷	8 × 2 = □	팔 이 □	8 × 2 =
❸	8 × 3 = □	팔 삼 □	8 ×
❹	8 × □ = 32	팔 □ 삼십이	8 ×
❺	8 × □ = 40	팔 □ 사십	8 ×
❻	8 × □ = 48	□ 육 □	8 ×
❼	8 × □ = 56	□ 칠 □	8 ×
❽	8 × □ = 64	□ 팔 □	
❾	8 × □ = 72	□	

25 4단, 8단 곱셈구구 집중 연습

✿ 곱셈을 하세요.

① $4 \times 4 =$

'사 사 십육' 소리 내어 외우며 풀면 쉬워요.

② $4 \times 5 =$

③ $4 \times 1 =$

④ $4 \times 7 =$

⑤ $4 \times 3 =$

⑥ $4 \times 8 =$

⑦ $4 \times 6 =$

⑧ $4 \times 9 =$

⑨ $4 \times 7 =$

⑩ $4 \times 3 =$

⑪ $4 \times 6 =$

⑫ $4 \times 4 =$

⑬ $4 \times 5 =$

⑭ $4 \times 2 =$

⑮ $4 \times 9 =$

4단 곱셈구구에서 곱하는 수가 1씩 커지면 곱은 4씩 커져요.

집중 시간 2분

곱셈을 하세요.

① $8 \times 6 =$

'팔 육 사십팔' 소리 내어 외우며 풀어 봐요.

② $8 \times 3 =$

③ $8 \times 4 =$

④ $8 \times 5 =$

⑤ $8 \times 2 =$

⑥ $8 \times 8 =$

⑦ $8 \times 9 =$

⑧ $8 \times 7 =$

⑨ $8 \times 4 =$

⑩ $8 \times 1 =$

⑪ $8 \times 3 =$

⑫ $8 \times 6 =$

⑬ $8 \times 7 =$

⑭ $8 \times 5 =$

⑮ $8 \times 8 =$

⑯ $8 \times 9 =$

26 4단, 8단 섞어 풀며 완벽하게 익히기

집중 시간 2분

곱셈을 하세요.

1. $8 \times 5 =$
2. $4 \times 4 =$
3. $4 \times 5 =$
4. $4 \times 9 =$
5. $8 \times 7 =$
6. $8 \times 3 =$
7. $4 \times 2 =$
8. $8 \times 6 =$
9. $4 \times 3 =$
10. $8 \times 4 =$
11. $4 \times 8 =$
12. $8 \times 9 =$
13. $4 \times 6 =$

* 4단, 8단 곱셈구구에서 일의 자리 숫자의 규칙

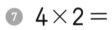

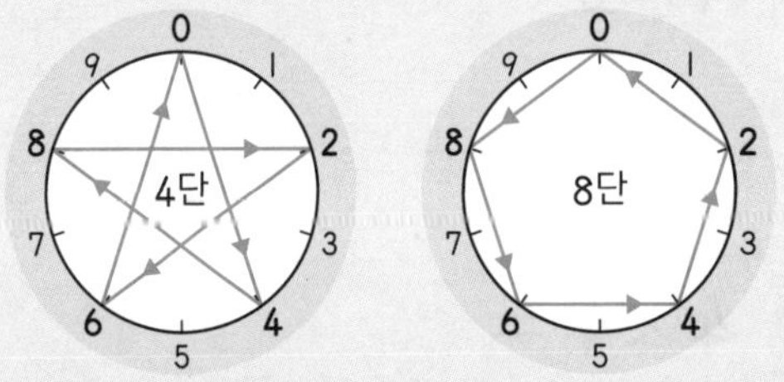

- 4단: 일의 자리 숫자가 4−8−2−6−0 순서로 반복돼요.
- 8단: 일의 자리 숫자가 8−6−4−2−0 순서로 반복돼요.
- 4단과 8단 곱셈구구의 일의 자리 숫자는 모두 짝수예요.

집중 시간 2분

곱셈을 하세요.

① $4 \times 2 =$

② $8 \times 4 =$

③ $8 \times 2 =$

④ $4 \times 3 =$

⑤ $8 \times 5 =$

⑥ $4 \times 6 =$

⑦ $4 \times 4 =$

⑧ $8 \times 3 =$

앗! 실수

⑨ $8 \times 8 =$

⑩ $4 \times 9 =$

⑪ $8 \times 9 =$

⑫ $4 \times 7 =$

⑬ $8 \times 6 =$

⑭ $4 \times 8 =$

⑮ $8 \times 7 =$

4단과 8단을 섞어서 풀어도 답이
바로 튀어나올 만큼 익숙해져야 해요!

27 7단은 7을 하나씩 더해 가며 외우자

집중 시간 2분

그림을 보고 □ 안에 알맞은 수나 말을 써넣으세요.

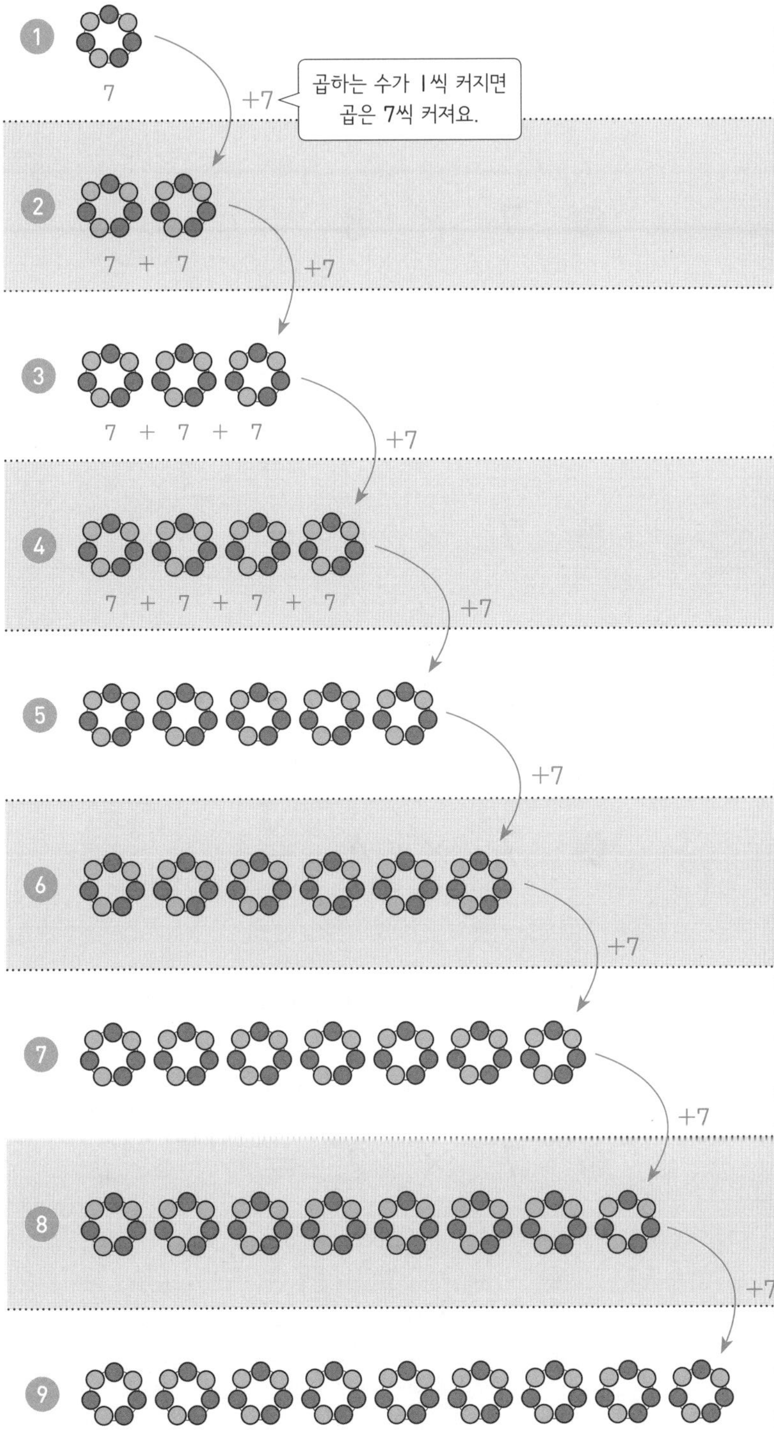

1. 7 × 1 = 7
   칠 일은 칠
2. 7 × 2 = 14
   칠 이 십사
3. 7 × 3 = □
   칠 삼 이십일
4. 7 × □ = □
   칠 사 이십팔
5. 7 × □ = □
   칠 오 삼십오
6. 7 × □ = □
   칠 육 □
7. 7 × □ = □
   칠 칠 □
8. □ × □ = □
   칠 팔 □
9. □ × □ = □
   칠 구 □

집중 시간 2분

곱셈을 하세요.

7단이 헷갈리면 덧셈을 이용해 보세요.
7+7은? 14, 14에 7을 더하면? 21,
또 7을 더하면? 28, 또 7을 더하면? 35…….

					십	일							십	일
❶	7	×	1	=		7		❿	7	×	9	=		
❷	7	×	2	=				⓫	7	×	8	=		
❸	7	×	3	=				⓬	7	×	7	=		
❹	7	×	4	=				⓭	7	×	6	=		
❺	7	×	5	=				⓮	7	×	5	=		
❻	7	×	6	=				⓯	7	×	4	=		
❼	7	×	7	=				⓰	7	×	3	=		
❽	7	×	8	=				⓱	7	×	2	=		
❾	7	×	9	=				⓲	7	×	1	=		

덧셈식으로 나타내면 7+7+7

28 규칙을 알면 쉽게 외우는 9단

집중 시간 2분

※ 그림을 보고 □ 안에 알맞은 수나 말을 써넣으세요.

9단은 십의 자리 숫자와 일의 자리 숫자의 합이 항상 9가 돼요.

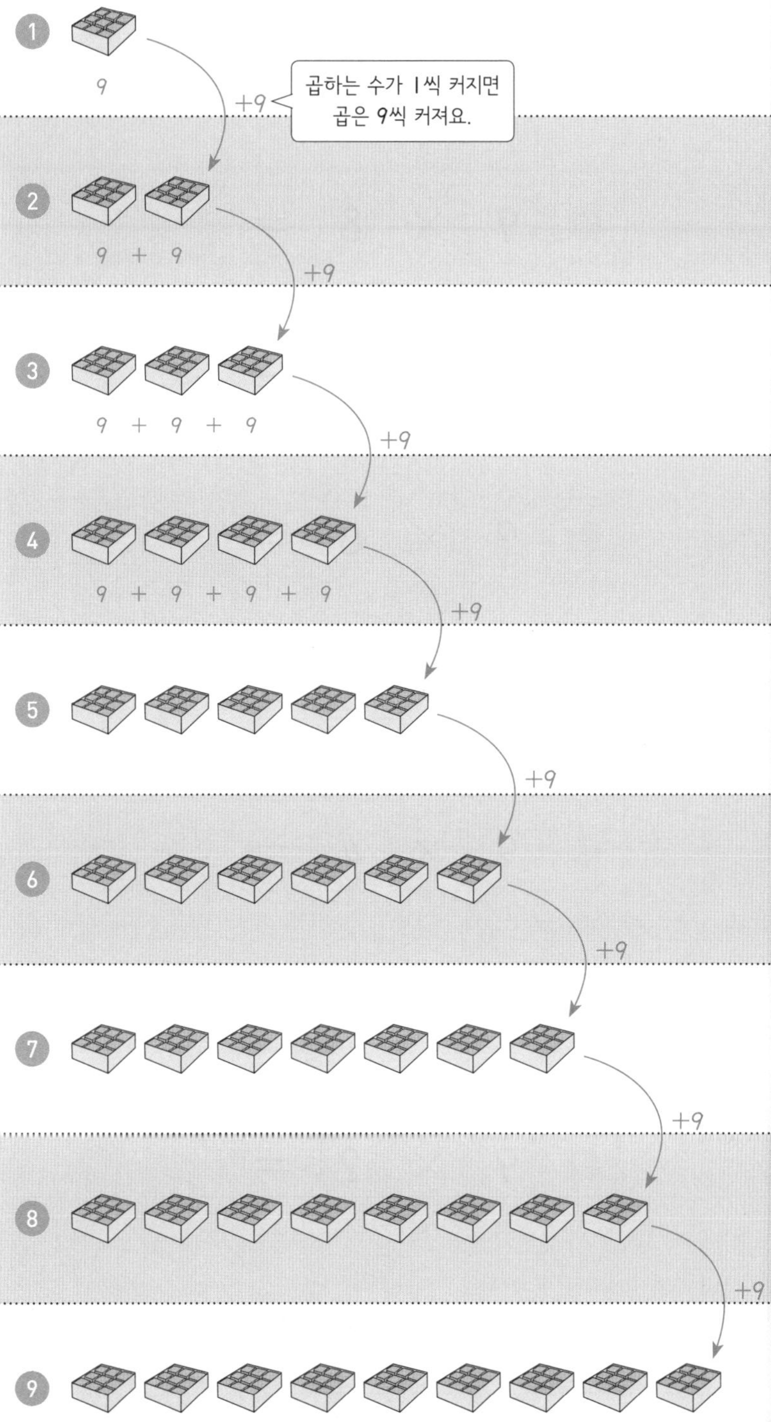

1. 9 × 1 = [9]
   구 일은 구
2. 9 × 2 = [18]
   구 이 십팔
3. 9 × 3 = □
   구 삼 이십칠
4. 9 × □ = □
   구 사 삼십육
5. 9 × □ = □
   구 오 [사십오]
6. 9 × □ = □
   구 육 □
7. 9 × □ = □
   구 칠 □
8. □ × □ = □
   구 팔 □
9. □ × □ = □
   구 구 □

집중 시간
2분

❈ 곱셈을 하세요.

						십	일							십	일	
❶	9	×	1	=			9	❿	9	×	9	=				
❷	9	×	2	=				⓫	9	×	8	=				
❸	9	×	3	=				⓬	9	×	7	=				
❹	9	×	4	=				⓭	9	×	6	=				
❺	9	×	5	=				⓮	9	×	5	=				
❻	9	×	6	=				⓯	9	×	4	=				
❼	9	×	7	=				⓰	9	×	3	=				
❽	9	×	8	=				⓱	9	×	2	=				
❾	9	×	9	=				⓲	9	×	1	=				

9×5는 9를 5번 더한 것과 같아요.

십의 자리 숫자는 1씩 커지고,
일의 자리 숫자는 1씩 작아지는 9단의 놀라운 규칙!

29 7단, 9단 읽고 쓰기

집중 시간 3분

※ 7단을 바르게 읽고, 써 보세요.

	읽기	쓰기
① 7× 1 = □	칠 일은 □	7×1=7
② 7× 2 = □	칠 이 □	7×2=
③ 7× 3 = □	칠 삼 □	7×
④ 7×□=28	칠 □ 이십팔	7×
⑤ 7×□=35	칠 □ 삼십오	7×
⑥ 7×□=42	□ 육 □	7×
⑦ 7×□=49	□ 칠 □	7×
⑧ 7×□=56	□ 팔 □	
⑨ 7×□=63	□	

집중 시간 3분

9단을 바르게 읽고, 써 보세요.

		읽기	쓰기
①	9 × 1 = ☐	구 일은 ☐	9 × 1 = 9
②	9 × 2 = ☐	구 이 ☐	9 × 2 =
③	9 × 3 = ☐	구 삼 ☐	9 ×
④	9 × ☐ = 36	구 ☐ 삼십육	9 ×
⑤	9 × ☐ = 45	구 ☐ 사십오	9 ×
⑥	9 × ☐ = 54	☐ 육 ☐	9 ×
⑦	9 × ☐ = 63	☐ 칠 ☐	9 ×
⑧	9 × ☐ = 72	☐ 팔 ☐	
⑨	9 × ☐ = 81	☐	

30 7단, 9단 곱셈구구 집중 연습

집중 시간 2분

잘 외워지는 걸 반복할 필요는 없어요!
헷갈리는 것만 ☆ 표시를 해
큰 소리로 읽어 봐요!

곱셈을 하세요.

1. $7 \times 4 =$

'칠 사 이십팔' 소리 내어 외우며 푸세요~

2. $7 \times 5 =$
3. $7 \times 1 =$
4. $7 \times 7 =$
5. $7 \times 3 =$
6. $7 \times 8 =$
7. $7 \times 6 =$
8. $7 \times 9 =$
9. $7 \times 2 =$
10. $7 \times 8 =$
11. $7 \times 3 =$
12. $7 \times 6 =$
13. $7 \times 9 =$
14. $7 \times 5 =$
15. $7 \times 4 =$
16. $7 \times 7 =$

집중 시간 2분

곱셈을 하세요.

① $9 \times 2 =$

'구 이 십팔' 소리 내어 외우며 푸세요~

② $9 \times 4 =$

③ $9 \times 5 =$

④ $9 \times 1 =$

⑤ $9 \times 9 =$

⑥ $9 \times 7 =$

⑦ $9 \times 6 =$

⑧ $9 \times 3 =$

⑨ $9 \times 8 =$

⑩ $9 \times 7 =$

⑪ $9 \times 6 =$

⑫ $9 \times 3 =$

⑬ $9 \times 2 =$

⑭ $9 \times 4 =$

⑮ $9 \times 5 =$

⑯ $9 \times 9 =$

31 7단, 9단 섞어 풀며 완벽하게 익히기

집중 시간 2분

곱셈을 하세요.

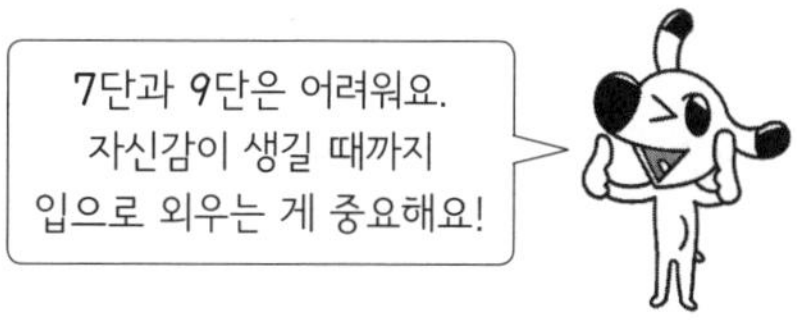
7단과 9단은 어려워요.
자신감이 생길 때까지
입으로 외우는 게 중요해요!

① $7\times7=$

② $9\times4=$

③ $7\times2=$

④ $9\times5=$

⑤ $9\times2=$

⑥ $7\times3=$

⑦ $9\times8=$

⑧ $7\times6=$

⑨ $7\times4=$

⑩ $7\times5=$

⑪ $9\times3=$

⑫ $9\times9=$

⑬ $7\times8=$

⑭ $9\times6=$

⑮ $7\times9=$

❄ 곱셈을 하세요.

① $9 \times 4 =$

② $9 \times 2 =$

③ $7 \times 7 =$

④ $7 \times 3 =$

⑤ $9 \times 9 =$

⑥ $7 \times 4 =$

⑦ $9 \times 5 =$

⑧ $7 \times 5 =$

👀 앗! 실수

⑨ $9 \times 6 =$

⑩ $7 \times 6 =$

⑪ $7 \times 9 =$

⑫ $9 \times 7 =$

⑬ $7 \times 8 =$

⑭ $9 \times 8 =$

우리는 모두 어려워 하지만
꼼꼼하게 훈련한
바빠 친구들은 걱정 없죠?

32 도전! 4단, 7단, 8단, 9단 섞어 풀기

✕ 곱셈을 하세요.

여기까지 오다니 정말 수고했어요!
이번엔 4, 7, 8, 9단을 섞어서 풀어 봐요~

① $4 \times 7 =$

② $8 \times 2 =$

③ $7 \times 3 =$

④ $4 \times 6 =$

⑤ $9 \times 4 =$

⑥ $7 \times 5 =$

⑦ $8 \times 7 =$

⑧ $4 \times 4 =$

⑨ $7 \times 6 =$

⑩ $9 \times 3 =$

⑪ $7 \times 9 =$

⑫ $8 \times 4 =$

⑬ $9 \times 5 =$

⑭ $7 \times 7 =$

⑮ $4 \times 9 =$

⑯ $9 \times 8 =$

집중 시간 3분

가운데 수와 바깥 수를 곱하여 빈 곳에 알맞은 수를 써넣으세요.

1

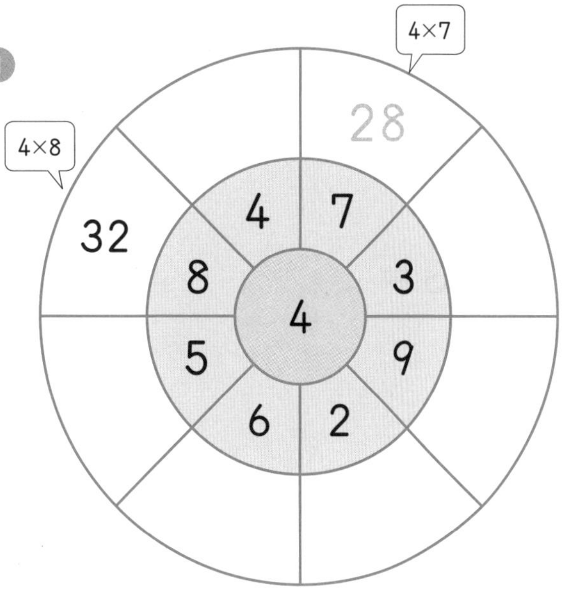

3

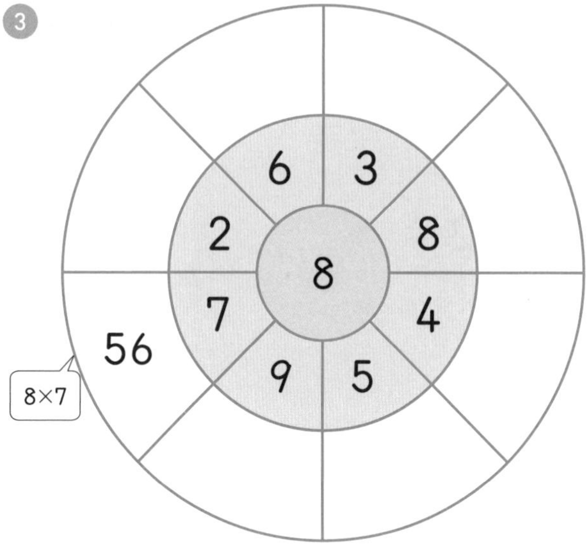

2

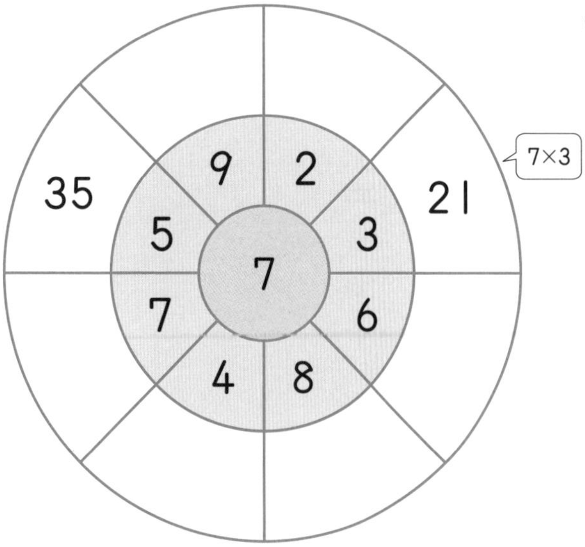

4

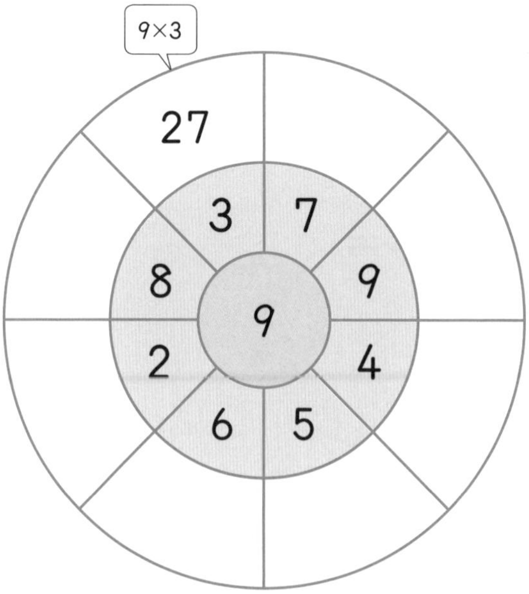

33 4단, 7단, 8단, 9단을 찾아라!

집중 시간 4분

4단과 7단 곱셈구구의 값을 찾아 선으로 이어 보세요.

① 4단

4단 곱셈구구의 값은 4, 8, 12…….

순서대로 찾지 않아도 돼요.
4단 곱셈구구의 값만 찾아보세요~

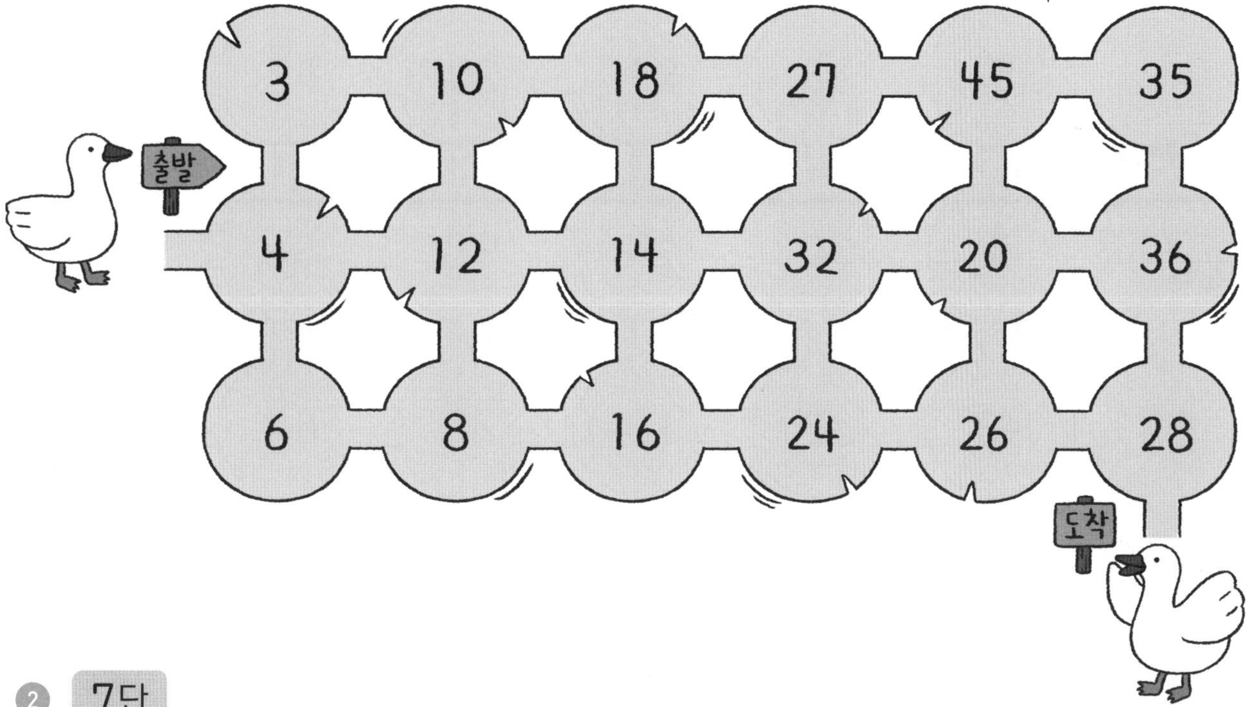

② 7단

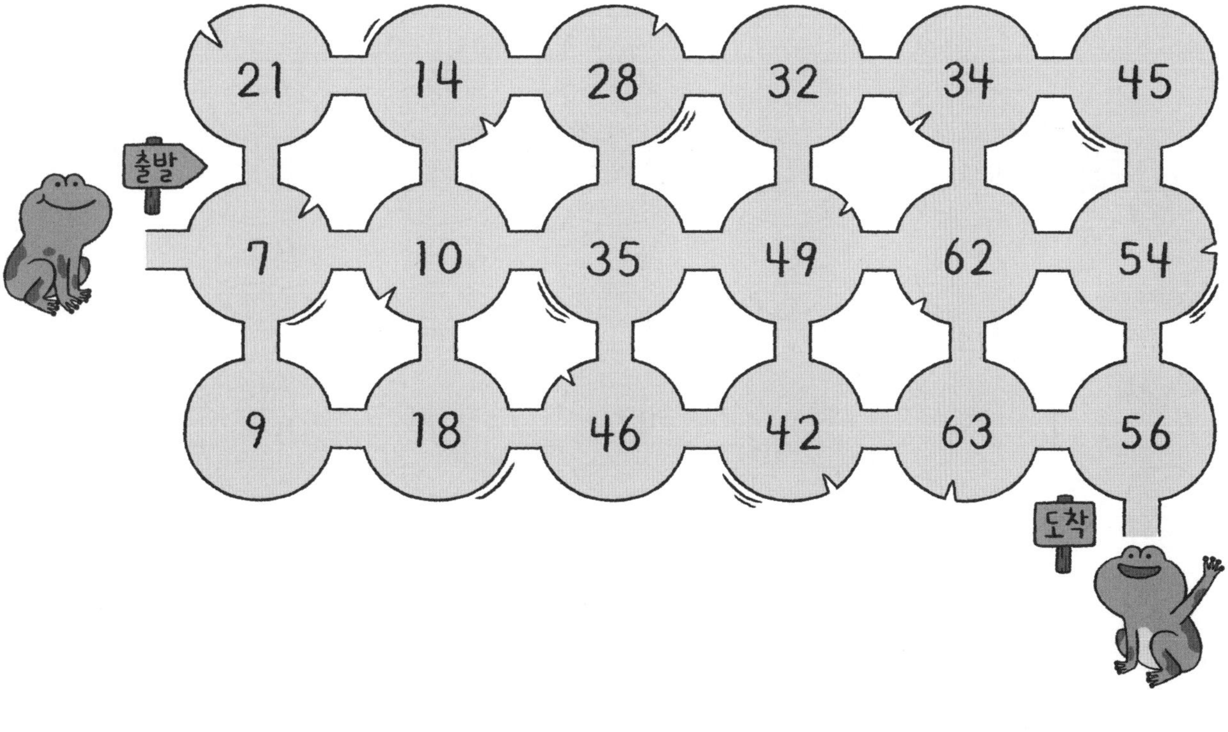

8단과 9단 곱셈구구의 값을 찾아 선으로 이어 보세요.

1 8단

8단 곱셈구구의 값은 8, 16, 24…….

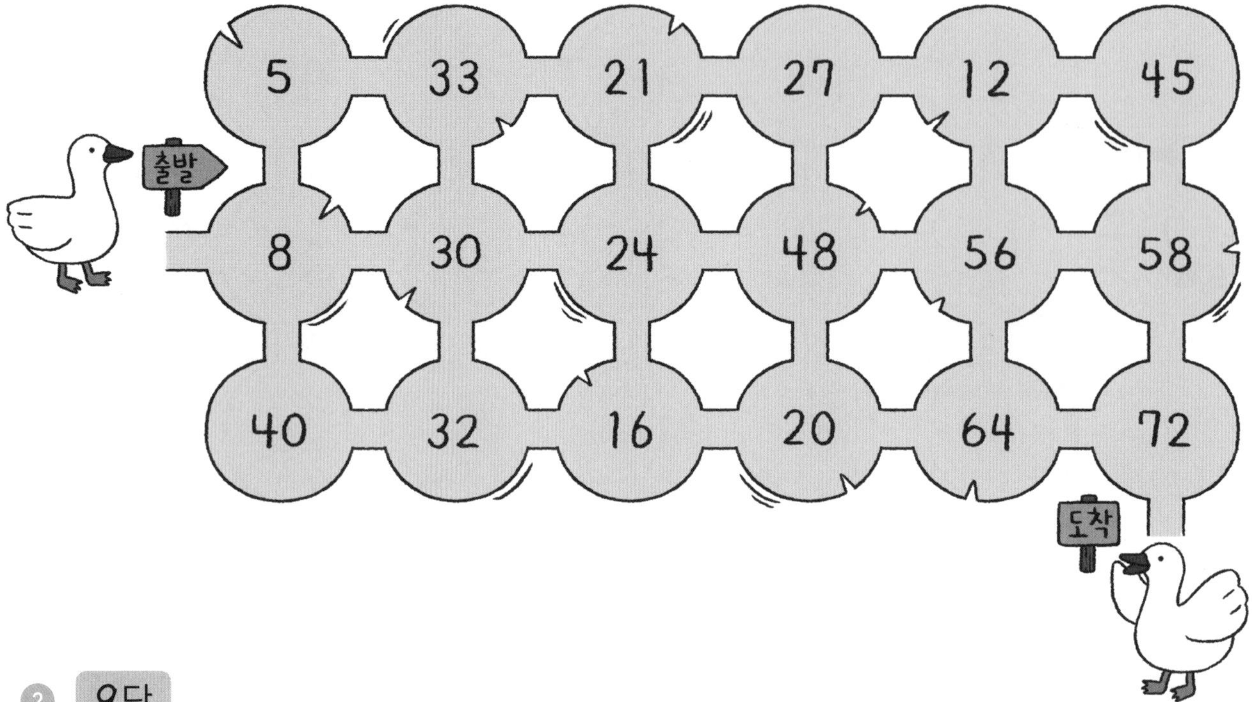

2 9단

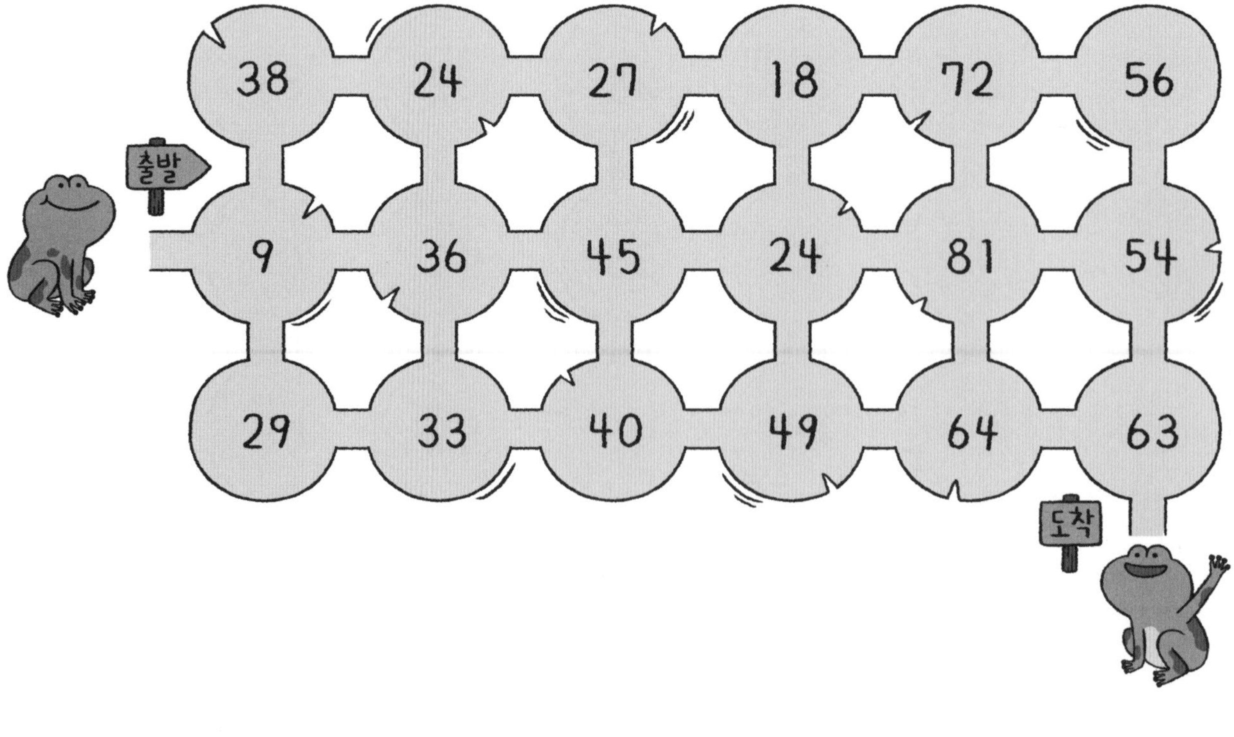

34 거울 같은 1단과 모두 다 사라지는 0의 곱

집중 시간 2분

곱셈을 하세요.

∗ 1단 곱셈구구

			…
1×1=1	1×2=2	1×3=3	…

➡ 1×(어떤 수)=(어떤 수)

∗ 0의 곱

	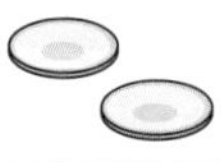		…
0×1=0	0×2=0	0×3=0	…

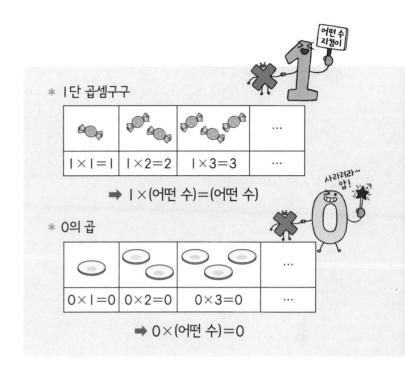

➡ 0×(어떤 수)=0

① 1×1=1

② 1×5=5

③ 1×3=

④ 1×6=

⑤ 1×2=

⑥ 1×7=

⑦ 1×9=

⑧ 1×4=

⑨ 0×8=

⑩ 0×4=

⑪ 0×7=

⑫ 6×0=

⑬ 9×0=

집중 시간 2분

곱셈을 하세요.

① $1 \times 7 =$

② $7 \times 4 =$

③ $6 \times 0 =$

④ $5 \times 7 =$

⑤ $9 \times 6 =$

⑥ $0 \times 8 =$

⑦ $1 \times 5 =$

⑧ $4 \times 9 =$

⑨ $5 \times 0 =$

⑩ $3 \times 8 =$

⑪ $9 \times 7 =$

⑫ $0 \times 9 =$

⑬ $8 \times 4 =$

⑭ $1 \times 6 =$

⑮ $7 \times 0 =$

⑯ $9 \times 5 =$

35 도전! 모든 단 곱셈구구 섞어 풀기

집중 시간 3분

곱셈을 하세요.

1. $1 \times 8 =$
2. $3 \times 6 =$
3. $2 \times 7 =$
4. $4 \times 5 =$
5. $9 \times 1 =$
6. $7 \times 4 =$
7. $6 \times 9 =$
8. $9 \times 3 =$

정답 맞추는 비밀 공개!
왼쪽 문제와 오른쪽 문제의
답이 같아요~

9. $8 \times 1 =$
10. $6 \times 3 =$
11. $7 \times 2 =$
12. $5 \times 4 =$
13. $1 \times 9 =$
14. $4 \times 7 =$
15. $9 \times 6 =$
16. $3 \times 9 =$

✤ 곱셈을 하세요.

① $4 \times 3 =$

② $2 \times 8 =$

③ $3 \times 7 =$

④ $5 \times 6 =$

⑤ $4 \times 8 =$

⑥ $6 \times 9 =$

⑦ $7 \times 5 =$

⑧ $9 \times 4 =$

앗! 실수

⑨ $6 \times 7 =$

⑩ $7 \times 8 =$

⑪ $9 \times 7 =$

⑫ $8 \times 9 =$

⑬ $7 \times 6 =$

⑭ $8 \times 7 =$

가장 많이 헷갈리는
곱셈식이에요.
집중해서 풀고
꼭! 기억해 둬요.

36 곱셈구구 섞어 풀며 완벽하게 익히기

집중 시간 3분

곱셈을 하세요.

❶ $4 \times 7 =$

❷ $1 \times 8 =$

❸ $5 \times 6 =$

❹ $8 \times 2 =$

❺ $9 \times 5 =$

❻ $7 \times 6 =$

❼ $3 \times 8 =$

❽ $6 \times 9 =$

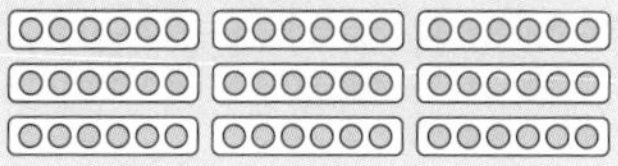

6×9의 곱은
9×6의 곱과 같아요.
두 수를 바꾸어 곱해도
값이 같아요.

❾ $6 \times 6 =$

❿ $2 \times 7 =$

⓫ $8 \times 0 =$

⓬ $3 \times 6 =$

⓭ $8 \times 7 =$

⓮ $4 \times 9 =$

⓯ $5 \times 3 =$

⓰ $9 \times 6 =$

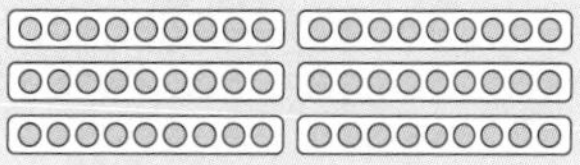

곱셈을 하세요.

① $3\times7=$

② $4\times6=$

③ $7\times5=$

④ $2\times9=$

⑤ $8\times4=$

⑥ $5\times8=$

⑦ $6\times3=$

⑧ $9\times9=$

앗! 실수

⑨ $6\times8=$

⑩ $8\times6=$

⑪ $7\times4=$

⑫ $6\times9=$

⑬ $7\times8=$

⑭ $9\times6=$

이제 곱셈구구
자신 있어요!

37 곱셈표를 채워 보자

집중 시간 3분

곱셈표를 완성해 보세요.

1

곱하는 수

×	1	4	2	7	5	6	9	8	3
2	2						18		

곱해지는 수

2×1

2×9

2

×	2	1	5	6	8	4	3	7	9
3			15						27

3

×	9	5	1	8	3	2	6	4	7
4		20				8			

4

×	2	5	1	6	9	3	8	7	4
5			5						20

집중 시간 3분

곱셈표를 완성해 보세요.

1

곱하는 수

×	1	2	7	8	4	6	3	5	9
6	6							30	

곱해지는 수

6×1

6×5

2

×	2	8	1	5	9	6	7	3	4
7			7						28

3

×	5	3	1	6	7	2	4	9	8
8	40								64

4

×	1	6	3	5	8	2	4	7	9
9	9					18			

38 곱셈표 완성하기

집중 시간 4분

곱셈표를 완성해 보세요.

①

×	0	1	2	3
0	0 0×0			
1		1 1×1		
2			4 2×2	
3				9 3×3

③

×	1	5	6	7
2				14
4			24	
8		40		
5	5			

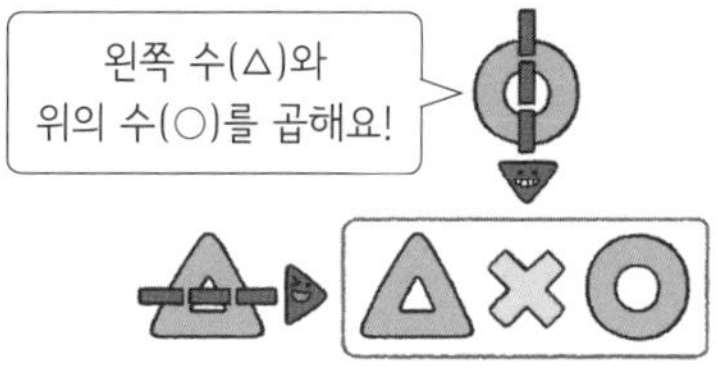

왼쪽 수(△)와
위의 수(○)를 곱해요!
△×○

②

×	1	2	3	4
4		8 4×2		
5			15 5×3	
6		12 6×2		
7			21 7×3	

④

×	3	8	6	9
3	9			
5		40		
4			24	
9				81

집중 시간 5분

곱셈표를 완성해 보세요.

×	0	1	2	3	4	5	6	7	8	9
0	0 (0×0)				0		0	0	0	0
1		1 (1×1)						7	8	9
2			4 (2×2)			10 (2×5)			16	
3	0			9 (3×3)	12		18			
4					16 (4×4)			28		
5	0		10 (5×2)			25 (5×5)				
6		6					36 (6×6)			54
7	0		14	21				49 (7×7)		
8	0		16			40			64 (8×8)	
9	0		18							81 (9×9)

2단은 2씩 커져요.

* 곱하는 두 수의 순서를 바꾸어도 곱은 같아요.

$2\times5=$ 10

$5\times2=$ 10

* 가위로 자른 후 접어서 확인해 보세요.

곱셈표에서 ↘ 방향으로 화살표를 따라 접으면 만나는 두 수가 같아요!

×	1	2	3
1	1	2	3
2	2	4	6
3	3	6	9

39 생활 속 연산 – 곱셈구구(2)

집중 시간 3분

그림을 보고 □ 안에 알맞은 수를 써넣으세요.

1

8 × □ = □

문어 한 마리의 다리는 8개입니다.

문어 2마리의 다리는 모두 □개입니다.

2

9 × □ = □

접시 하나에 과자가 9개씩 있습니다.

접시 3개에 있는 과자는 모두 □개입니다.

3

□ × 6 = □

몸에 점이 □개씩 있는 무당벌레가 있습니다.

무당벌레 6마리에 있는 점은 모두 □개입니다.

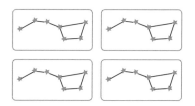

4

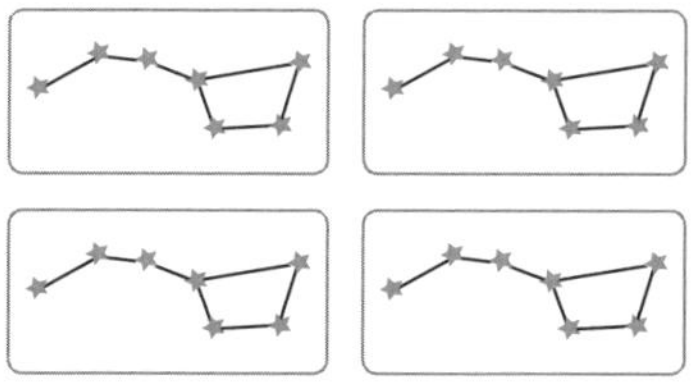

7 × □ = □

별이 7개인 북두칠성 모양의 붙임딱지가 □장 있습니다. 붙임딱지에 있는 별은 모두 □개입니다.

얼음에 적힌 곱셈의 값을 아래 칸에서 모두 찾아 색칠해 보세요.

8	12	24	40	36
45	32	56	28	13
20	9	0	25	30
7	16	54	48	72
63	64	42	25	21

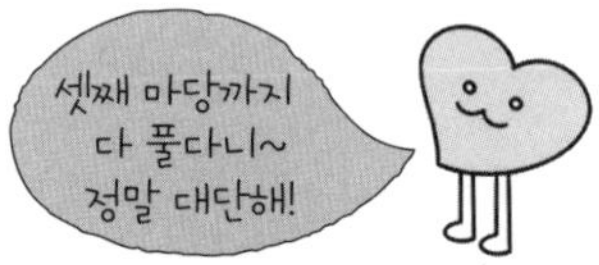

*틀린 문제는 꼭 다시 확인하고 넘어가요!

※ □ 안에 알맞은 수를 써넣으세요.

① $4 \times 4 =$ □

② $8 \times 7 =$ □

③ $7 \times 3 =$ □

④ $9 \times 9 =$ □

⑤ $1 \times 8 =$ □

⑥ $7 \times 9 =$ □

⑦ $8 \times 4 =$ □

⑧ $4 \times 9 =$ □

⑨ $9 \times 7 =$ □

⑩ $0 \times 9 =$ □

⑪ $9 \times 6 =$ □

⑫

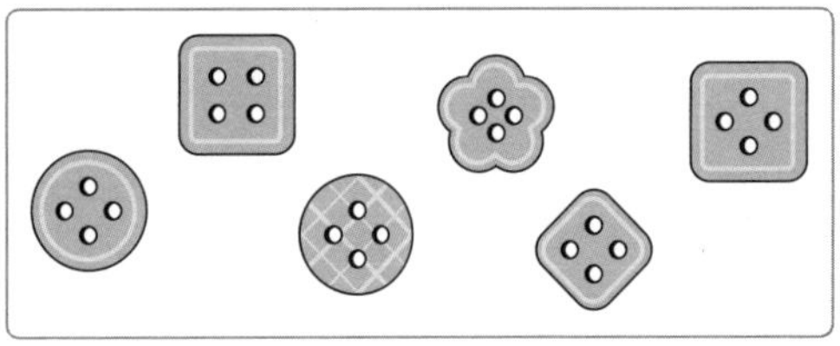

구멍이 □개인 단추가 있습니다. 단추 6개의 구멍은 모두 □개입니다.

⑬

사탕이 7개씩 들어 있는 사탕 통이 □개 있습니다. 사탕 6통에 들어 있는 사탕은 모두 □개입니다.

오늘 공부한
단계를 색칠해
보세요!
40
41
42
43
44
45
46

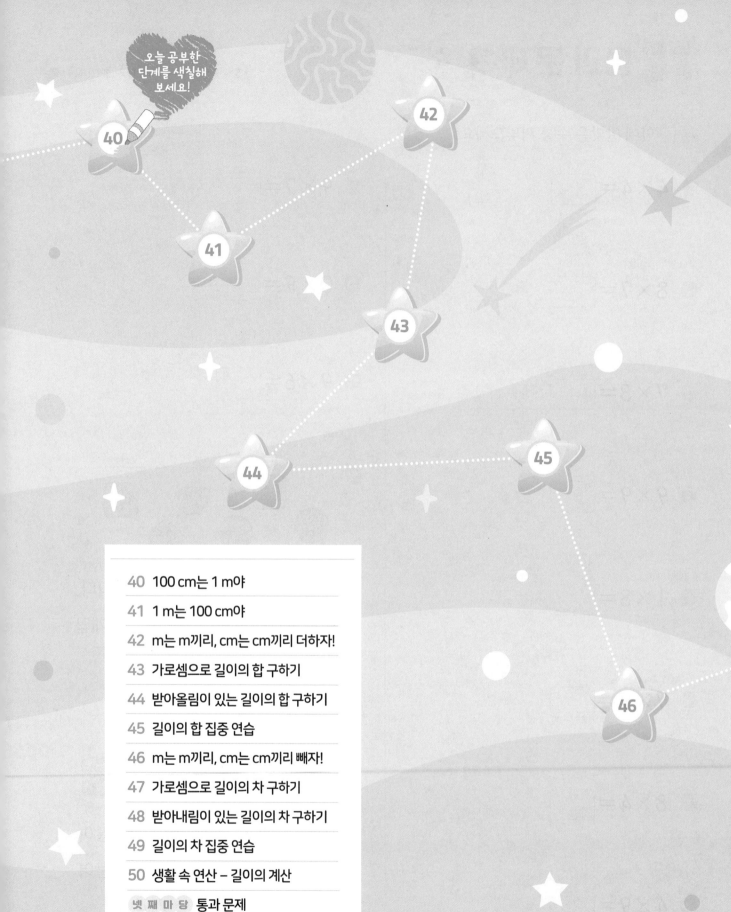

넷째 마당

길이의 계산

교과서 3. 길이 재기

바빠 개념 쏙쏙!

1m: 100 cm는 1 m와 같습니다.

100 cm＝1 m

쓰기 1 m

읽기 1 미터 (일)

1m보다 긴 길이

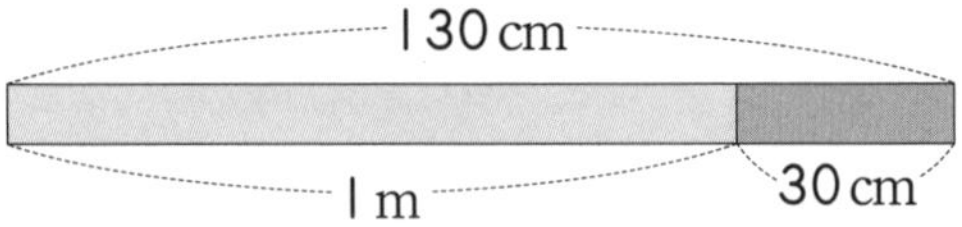

➡ 130 cm＝1 m 30 cm

길이의 합과 차

① 길이의 합은 m는 m끼리, cm는 cm끼리 더합니다.

$$\begin{array}{rrr} & 1\text{ m} & 30\text{ cm} \\ + & 1\text{ m} & 50\text{ cm} \\ \hline & 2\text{ m} & 80\text{ cm} \end{array}$$

❷ ❶

1 m 30 cm＋1 m 50 cm＝2 m 80 cm (❶ 30＋50＝80, ❷ 1＋1＝2)

② 길이의 차는 m는 m끼리, cm는 cm끼리 뺍니다.

$$\begin{array}{rrr} & 2\text{ m} & 50\text{ cm} \\ - & 1\text{ m} & 20\text{ cm} \\ \hline & 1\text{ m} & 30\text{ cm} \end{array}$$

❷ ❶

2 m 50 cm－1 m 20 cm＝1 m 30 cm (❶ 50－20＝30, ❷ 2－1＝1)

40 100 cm는 1 m야

집중 시간 1분

그림을 보고 □ 안에 알맞은 수를 써넣으세요.

100 cm = 1 m

❶ 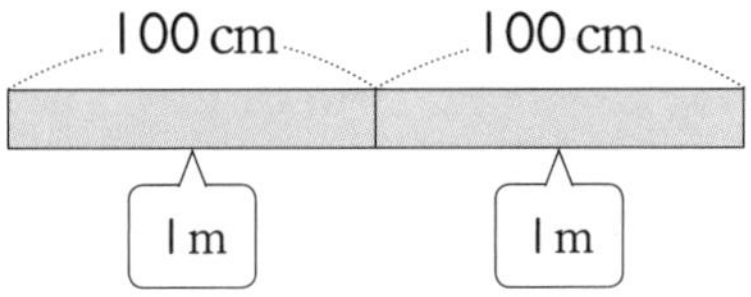

200 cm = [2] m

❷ 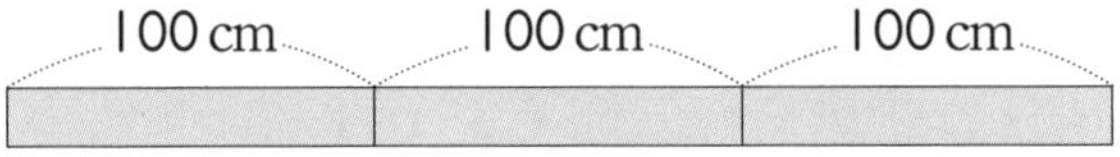

300 cm = □ m

❸ 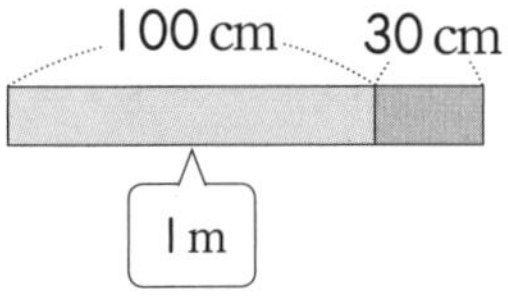

130 cm는 1 m보다 30 cm 더 긴 길이예요.

130 cm = [1] m [30] cm

❹ 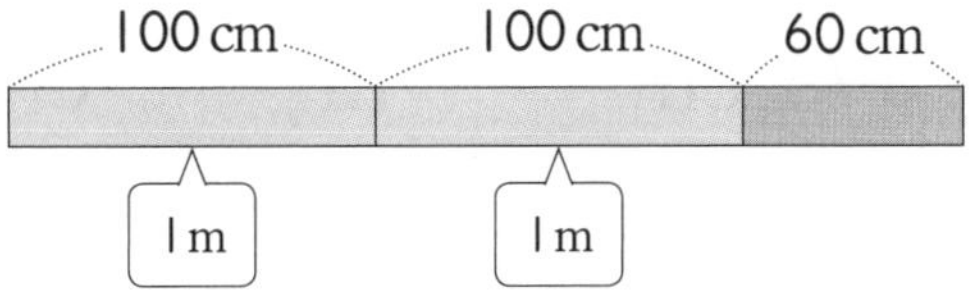

260 cm = □ m □ cm

❺ 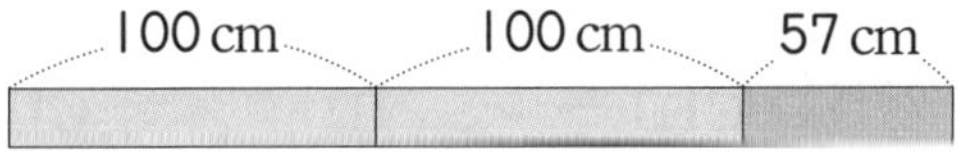

257 cm = □ m □ cm

❻ 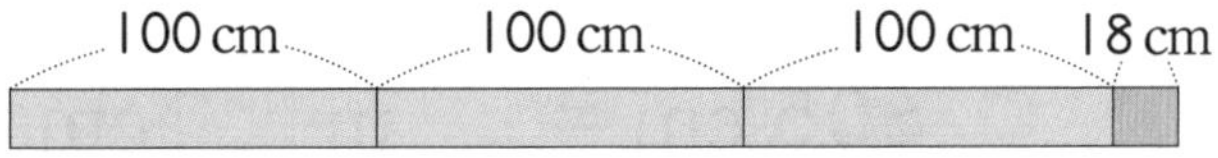

318 cm = □ m □ cm

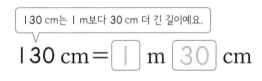

집중 시간
2분

✺ □ 안에 알맞은 수를 써넣으세요.

① 400 cm = $\boxed{4}$ m

'400 센티미터'라고 읽어요.

② 700 cm = $\boxed{}$ m

③ 370 cm = $\boxed{}$ m $\boxed{}$ cm

370 cm = 300 cm + 70 cm

④ 530 cm = $\boxed{}$ m $\boxed{}$ cm

⑤ 218 cm = $\boxed{}$ m $\boxed{}$ cm

⑥ 475 cm = $\boxed{}$ m $\boxed{}$ cm

⑦ 296 cm = $\boxed{}$ m $\boxed{}$ cm

⑧ 328 cm = $\boxed{}$ m $\boxed{}$ cm

⑨ 402 cm = $\boxed{}$ m $\boxed{}$ cm

402 cm = 400 cm + 2 cm

⑩ 571 cm = $\boxed{}$ m $\boxed{}$ cm

⑪ 880 cm = $\boxed{}$ m $\boxed{}$ cm

⑫ 605 cm = $\boxed{}$ m $\boxed{}$ cm

41 1 m는 100 cm야

집중 시간 2분

| m = 100 cm

□ 안에 알맞은 수를 써넣으세요.

① 3 m = [300] cm

■ m = ■00 cm

② 6 m = □ cm

③ 8 m = □ cm

④ 1 m 40 cm = □ cm

■ m ▲● cm = ■00 cm + ▲● cm
= ■▲● cm

⑤ 3 m 80 cm = □ cm

⑥ 2 m 65 cm = □ cm

⑦ 4 m 35 cm = □ cm

⑧ 3 m 71 cm = □ cm

⑨ 2 m 98 cm = □ cm

⑩ 6 m 27 cm = □ cm

⑪ 5 m 63 cm = □ cm

'7 미터 54 센티미터'라고 읽어요.

⑫ 7 m 54 cm = □ cm

집중 시간 2분

※ □ 안에 알맞은 수를 써넣으세요.

❶ 5 m=[500] cm

❷ 9 m=□ cm

❸ 4 m 70 cm=□ cm

❹ 6 m 52 cm=□ cm

❺ 3 m 81 cm=□ cm

❻ 7 m 17 cm=□ cm

❼ 2 m 90 cm=□ cm

❽ 4 m 73 cm=□ cm

❾ 5 m 38 cm=□ cm

❿ 8 m 46 cm=□ cm

앗! 실수

⓫ 3 m 6 cm=□ cm

3 m 6 cm=300 cm+6 cm

⓬ 9 m 2 cm=□ cm

42 m는 m끼리, cm는 cm끼리 더하자!

집중 시간 2분

※ 길이의 합을 구하세요.

1.
	1	m	10	cm
+	1	m	50	cm
	2	m	60	cm

❷ 1+1=2 ❶ 10+50=60

＊ m은 m끼리, cm은 cm끼리 계산해요.

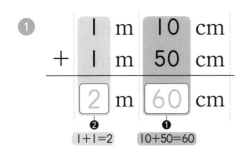

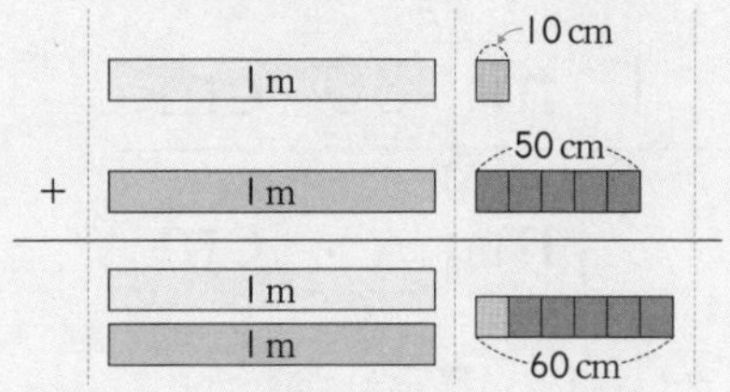

2.
	2	m	40	cm
+	2	m	23	cm
	□	m	□	cm

6.
	3	m	24	cm
+	5	m	32	cm
	□	m	□	cm

3.
	1	m	36	cm
+	3	m	50	cm
	□	m	□	cm

7.
	4	m	13	cm
+	1	m	86	cm
	□	m	□	cm

4.
	3	m	25	cm
+	2	m	62	cm
	□	m	□	cm

8.
	5	m	32	cm
+	4	m	47	cm
	□	m	□	cm

5.
	2	m	54	cm
+	4	m	21	cm
	□	m	□	cm

9.
	5	m	73	cm
+	6	m	14	cm
	□	m	□	cm

❀ 길이의 합을 구하세요.

①
$$\begin{array}{r} 2 \text{ m } \; 50 \text{ cm} \\ + \; 1 \text{ m } \; 30 \text{ cm} \\ \hline \square \text{ m } \; \square \text{ cm} \end{array}$$

❷ 2+1=3　　❶ 50+30=80

②
$$\begin{array}{r} 1 \text{ m } \; 60 \text{ cm} \\ + \; 4 \text{ m } \; 25 \text{ cm} \\ \hline \square \text{ m } \; \square \text{ cm} \end{array}$$

③
$$\begin{array}{r} 2 \text{ m } \; 39 \text{ cm} \\ + \; 3 \text{ m } \; 40 \text{ cm} \\ \hline \square \text{ m } \; \square \text{ cm} \end{array}$$

④
$$\begin{array}{r} 3 \text{ m } \; 52 \text{ cm} \\ + \; 4 \text{ m } \; 26 \text{ cm} \\ \hline \square \text{ m } \; \square \text{ cm} \end{array}$$

⑤
$$\begin{array}{r} 3 \text{ m } \; 28 \text{ cm} \\ + \; 5 \text{ m } \; 31 \text{ cm} \\ \hline \square \text{ m } \; \square \text{ cm} \end{array}$$

⑥
$$\begin{array}{r} 4 \text{ m } \; 41 \text{ cm} \\ + \; 2 \text{ m } \; 8 \text{ cm} \\ \hline \square \text{ m } \; \square \text{ cm} \end{array}$$

⑦
$$\begin{array}{r} 5 \text{ m } \; 37 \text{ cm} \\ + \; 3 \text{ m } \; 52 \text{ cm} \\ \hline \square \text{ m } \; \square \text{ cm} \end{array}$$

⑧
$$\begin{array}{r} 4 \text{ m } \; 53 \text{ cm} \\ + \; 8 \text{ m } \; 45 \text{ cm} \\ \hline \square \text{ m } \; \square \text{ cm} \end{array}$$

덧셈 주의!

⑨
$$\begin{array}{r} 7 \text{ m } \; 32 \text{ cm} \\ + \; 4 \text{ m } \; 28 \text{ cm} \\ \hline \square \text{ m } \; \square \text{ cm} \end{array}$$

⑩
$$\begin{array}{r} 6 \text{ m } \; 25 \text{ cm} \\ + \; 8 \text{ m } \; 46 \text{ cm} \\ \hline \square \text{ m } \; \square \text{ cm} \end{array}$$

43 가로셈으로 길이의 합 구하기

집중 시간 2분

길이의 합을 구하세요.

❶ 1 m 10 cm + 1 m 20 cm = [2] m [30] cm

❶ 10+20=30
❷ 1+1=2

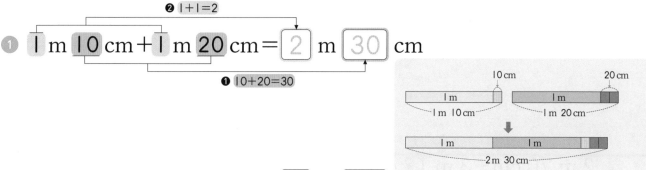

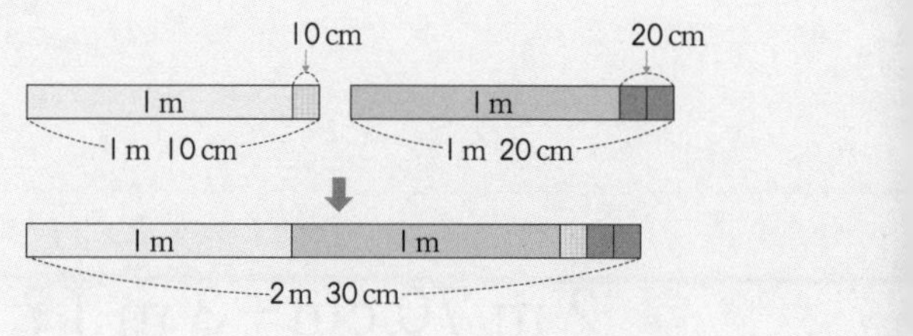

❷ 1 m 20 cm + 3 m 52 cm = ☐ m ☐ cm

❸ 2 m 34 cm + 3 m 60 cm = ☐ m ☐ cm

❹ 2 m 16 cm + 2 m 52 cm = ☐ m ☐ cm

❺ 3 m 72 cm + 4 m 12 cm = ☐ m ☐ cm

❻ 4 m 34 cm + 5 m 25 cm = ☐ m ☐ cm

집중 시간 2분

길이의 합을 구하세요.

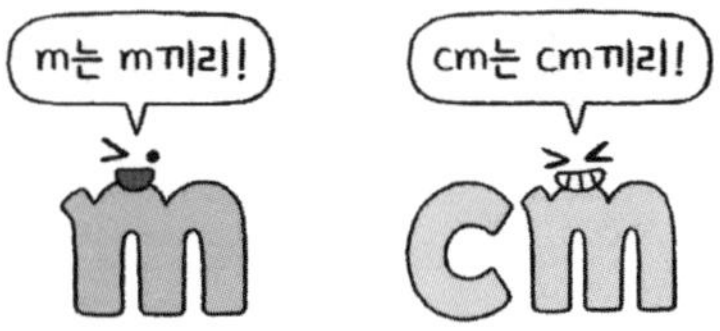
m는 m끼리!
cm는 cm끼리!

① 1 m 25 cm + 6 m 40 cm = 7 m 65 cm

② 2 m 70 cm + 3 m 19 cm = ☐ m ☐ cm

③ 4 m 24 cm + 5 m 53 cm = ☐ m ☐ cm

④ 6 m 13 cm + 2 m 42 cm = ☐ m ☐ cm

⑤ 3 m 62 cm + 4 m 28 cm = ☐ m ☐ cm

62 cm+28 cm의 계산에 주의하세요.

⑥ 7 m 47 cm + 2 m 34 cm = ☐ m ☐ cm

44 받아올림이 있는 길이의 합 구하기

집중 시간 3분

※ 길이의 합을 구하세요.

❶

	1			
	1	m	70	cm
+	2	m	45	cm
	4	m	15	cm

❷ 1+1+2=4 ❶ 70+45=115

* (100 cm=1 m)를 이용해 풀어요.

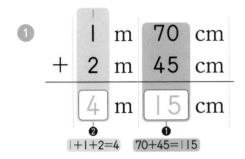

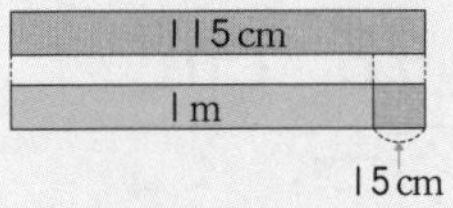

cm끼리의 합이 100이거나 100보다 크면
100 cm를 1 m로 받아올림하여 계산해요.

❷

	2	m	24	cm
+	2	m	80	cm
	☐	m	☐	cm

❸

	3	m	62	cm
+	1	m	67	cm
	☐	m	☐	cm

❹

	2	m	53	cm
+	5	m	65	cm
	☐	m	☐	cm

❺

	3	m	46	cm
+	3	m	92	cm
	☐	m	☐	cm

❻

	5	m	23	cm
+	4	m	96	cm
	☐	m	☐	cm

❼

	4	m	85	cm
+	4	m	42	cm
	☐	m	☐	cm

❽

	6	m	41	cm
+	4	m	73	cm
	☐	m	☐	cm

❾

	7	m	83	cm
+	2	m	64	cm
	☐	m	☐	cm

❀ 길이의 합을 구하세요.

①

$$\begin{array}{r} 3\ \text{m}\quad 30\ \text{cm} \\ +\ 1\ \text{m}\quad 98\ \text{cm} \\ \hline \boxed{}\ \text{m}\quad \boxed{}\ \text{cm} \end{array}$$

> $$\begin{array}{r} 3\ \text{m}\ \ 30\ \text{cm} \\ +\ 1\ \text{m}\ \ 98\ \text{cm} \\ \hline 5\ \text{m}\ \ 28\ \text{cm} \end{array} \Rightarrow \begin{array}{r} 330 \\ +\ 198 \\ \hline 528 \end{array}$$
>
> 같은 단위끼리 맞춰 쓴 다음
> 세 자리 수끼리의 덧셈과 같은 방법으로 계산해요.

②

$$\begin{array}{r} 4\ \text{m}\quad 56\ \text{cm} \\ +\ 2\ \text{m}\quad 60\ \text{cm} \\ \hline \boxed{}\ \text{m}\quad \boxed{}\ \text{cm} \end{array}$$

⑥

$$\begin{array}{r} 4\ \text{m}\quad 52\ \text{cm} \\ +\ 4\ \text{m}\quad 83\ \text{cm} \\ \hline \boxed{}\ \text{m}\quad \boxed{}\ \text{cm} \end{array}$$

③

$$\begin{array}{r} 3\ \text{m}\quad 45\ \text{cm} \\ +\ 5\ \text{m}\quad 73\ \text{cm} \\ \hline \boxed{}\ \text{m}\quad \boxed{}\ \text{cm} \end{array}$$

⑦

$$\begin{array}{r} 6\ \text{m}\quad 83\ \text{cm} \\ +\ 2\ \text{m}\quad 54\ \text{cm} \\ \hline \boxed{}\ \text{m}\quad \boxed{}\ \text{cm} \end{array}$$

④

$$\begin{array}{r} 2\ \text{m}\quad 82\ \text{cm} \\ +\ 6\ \text{m}\quad 26\ \text{cm} \\ \hline \boxed{}\ \text{m}\quad \boxed{}\ \text{cm} \end{array}$$

⑧

$$\begin{array}{r} 3\ \text{m}\quad 58\ \text{cm} \\ +\ 5\ \text{m}\quad 72\ \text{cm} \\ \hline \boxed{}\ \text{m}\quad \boxed{}\ \text{cm} \end{array}$$

⑤

$$\begin{array}{r} 5\ \text{m}\quad 63\ \text{cm} \\ +\ 2\ \text{m}\quad 95\ \text{cm} \\ \hline \boxed{}\ \text{m}\quad \boxed{}\ \text{cm} \end{array}$$

⑨

$$\begin{array}{r} 4\ \text{m}\quad 84\ \text{cm} \\ +\ 3\ \text{m}\quad 47\ \text{cm} \\ \hline \boxed{}\ \text{m}\quad \boxed{}\ \text{cm} \end{array}$$

45 길이의 합 집중 연습

집중 시간 3분

※ 길이의 합을 구하세요.

①
$$\begin{array}{rrrr} & 1\ \text{m} & 14\ \text{cm} \\ + & 2\ \text{m} & 65\ \text{cm} \\ \hline & \square\ \text{m} & \square\ \text{cm} \end{array}$$

②
$$\begin{array}{rrrr} & 4\ \text{m} & 4\ \text{cm} \\ + & 3\ \text{m} & 39\ \text{cm} \\ \hline & \square\ \text{m} & \square\ \text{cm} \end{array}$$

③
$$\begin{array}{rrrr} & 3\ \text{m} & 25\ \text{cm} \\ + & 5\ \text{m} & 17\ \text{cm} \\ \hline & \square\ \text{m} & \square\ \text{cm} \end{array}$$

④
$$\begin{array}{rrrr} & 4\ \text{m} & 49\ \text{cm} \\ + & 5\ \text{m} & 32\ \text{cm} \\ \hline & \square\ \text{m} & \square\ \text{cm} \end{array}$$

⑤
$$\begin{array}{rrrr} & 6\ \text{m} & 53\ \text{cm} \\ + & 2\ \text{m} & 62\ \text{cm} \\ \hline & \square\ \text{m} & \square\ \text{cm} \end{array}$$

앗! 실수

⑥
$$\begin{array}{rrrr} & 7\ \text{m} & 95\ \text{cm} \\ + & 1\ \text{m} & 15\ \text{cm} \\ \hline & \square\ \text{m} & \square\ \text{cm} \end{array}$$

⑦
$$\begin{array}{rrrr} & 5\ \text{m} & 27\ \text{cm} \\ + & 6\ \text{m} & 86\ \text{cm} \\ \hline & \square\ \text{m} & \square\ \text{cm} \end{array}$$

⑧
$$\begin{array}{rrrr} & 8\ \text{m} & 83\ \text{cm} \\ + & 2\ \text{m} & 79\ \text{cm} \\ \hline & \square\ \text{m} & \square\ \text{cm} \end{array}$$

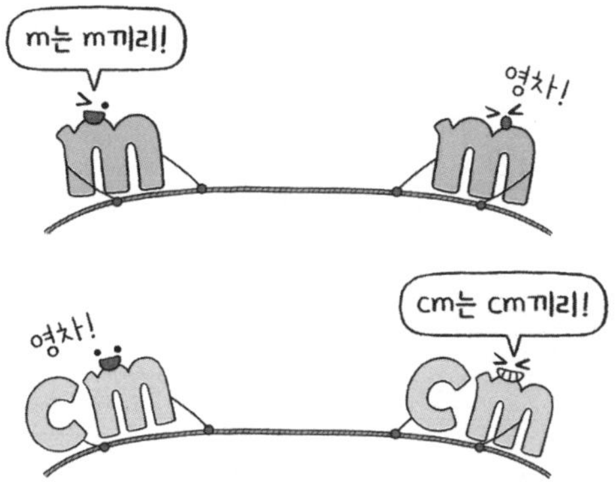

길이의 합을 구하세요.

❶ 2 m 18 cm+3 m 70 cm
=□ m □ cm

❷ 4 m 20 cm+2 m 54 cm
=□ m □ cm

❸ 5 m 42 cm+2 m 53 cm
=□ m □ cm

❹ 3 m 54 cm+5 m 9 cm
=□ m □ cm

❺ 6 m 47 cm+3 m 23 cm
=□ m □ cm

앗! 실수

❻ 3 m 58 cm+4 m 14 cm
=□ m □ cm

❼ 4 m 56 cm+8 m 28 cm
=□ m □ cm

❽ 7 m 26 cm+6 m 69 cm
=□ m □ cm

❾ 6 m 48 cm+9 m 35 cm
=□ m □ cm

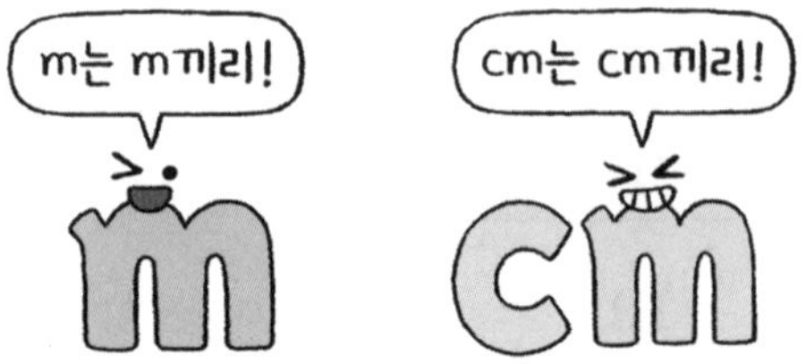
m는 m끼리!
cm는 cm끼리!

46 m는 m끼리, cm는 cm끼리 빼자!

집중 시간 2분

길이의 차를 구하세요.

* 2 m 50 cm−1 m 20 cm 계산하기

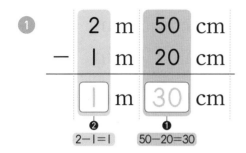

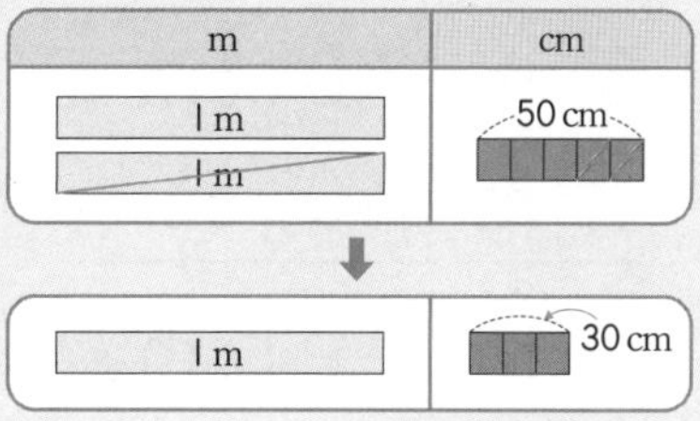

❶
	2	m	50	cm
−	1	m	20	cm
	1	m	30	cm

❷ 2−1=1　❶ 50−20=30

❷
	3	m	60	cm
−	2	m	40	cm
	□	m	□	cm

❸
	4	m	52	cm
−	3	m	10	cm
	□	m	□	cm

❹
	5	m	48	cm
−	4	m	20	cm
	□	m	□	cm

❺
	6	m	57	cm
−	1	m	34	cm
	□	m	□	cm

❻
	5	m	47	cm
−	3	m	36	cm
	□	m	□	cm

❼
	6	m	78	cm
−	5	m	53	cm
	□	m	□	cm

❽
	7	m	84	cm
−	3	m	43	cm
	□	m	□	cm

❾
	8	m	69	cm
−	2	m	24	cm
	□	m	□	cm

길이의 차를 구하세요.

① 3 m 70 cm − 1 m 40 cm = □ m □ cm
(❷ 3−1=2, ❶ 70−40=30)

② 4 m 90 cm − 3 m 30 cm = □ m □ cm

③ 5 m 47 cm − 2 m 13 cm = □ m □ cm

④ 6 m 38 cm − 3 m 26 cm = □ m □ cm

⑤ 5 m 59 cm − 3 m 25 cm = □ m □ cm

⑥ 6 m 58 cm − 5 m 17 cm = □ m □ cm

⑦ 7 m 66 cm − 3 m 34 cm = □ m □ cm

⑧ 7 m 30 cm − 5 m 19 cm = □ m □ cm
(2 10 — 뺄셈 주의!)

⑨ 8 m 43 cm − 4 m 27 cm = □ m □ cm

⑩ 9 m 28 cm − 6 m 19 cm = □ m □ cm

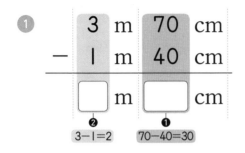

47

가로셈으로 길이의 차 구하기

집중 시간 2분

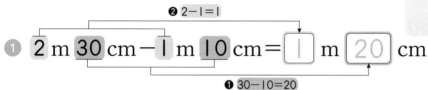

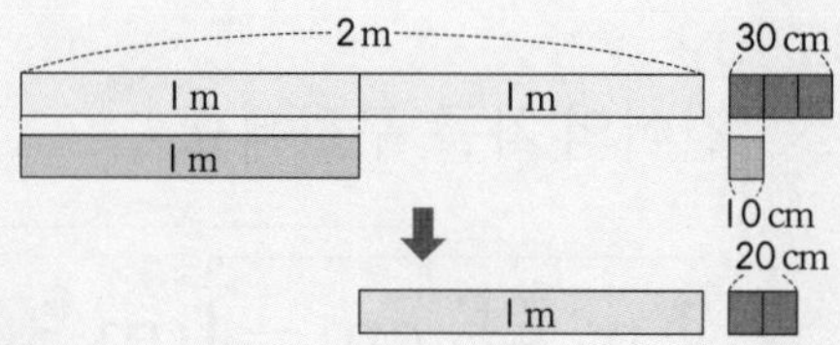

길이의 차를 구하세요.

❷ 2－I＝I

❶ 2 m 30 cm－I m I0 cm＝ [I] m [20] cm

❶ 30－I0＝20

❷ 3 m 70 cm－2 m 40 cm＝ [ ] m [ ] cm

❸ 4 m 83 cm－I m 50 cm＝ [ ] m [ ] cm

❹ 5 m 47 cm－2 m 25 cm＝ [ ] m [ ] cm

❺ 7 m 56 cm－3 m I2 cm＝ [ ] m [ ] cm

❻ 6 m 69 cm－4 m 37 cm＝ [ ] m [ ] cm

집중 시간 2분

길이의 차를 구하세요.

1. 7 m 45 cm − 1 m 30 cm = ☐ m ☐ cm

2. 4 m 73 cm − 2 m 41 cm = ☐ m ☐ cm

3. 5 m 36 cm − 3 m 12 cm = ☐ m ☐ cm

4. 6 m 57 cm − 1 m 34 cm = ☐ m ☐ cm

5. 8 m 49 cm − 4 m 25 cm = ☐ m ☐ cm

앗! 실수

6. 18 m 25 cm − 18 cm = ☐ m ☐ cm

* 같은 단위끼리 뺄 수 있어요.

	18 m	25 cm
−		18 cm
	18 m	7 cm

48 받아내림이 있는 길이의 차 구하기

집중 시간 4분

길이의 차를 구하세요.

1

	2		100
	~~3~~ m		40 cm
−	1 m		50 cm
	1 m		90 cm

❷ 2−1=1 ❶ 100−50+40=90

＊ 1 m=100 cm 를 이용해 풀어요.

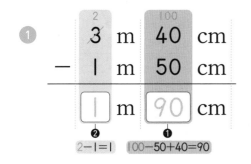

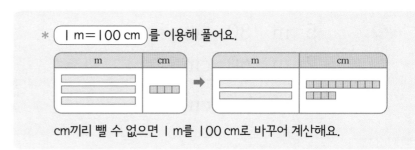

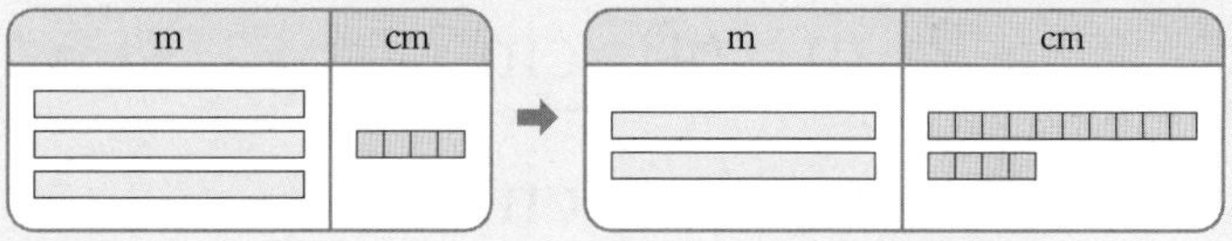

cm끼리 뺄 수 없으면 1 m를 100 cm로 바꾸어 계산해요.

2
4 m 30 cm
− 2 m 90 cm
□ m □ cm

3
5 m 23 cm
− 1 m 70 cm
□ m □ cm

4
5 m 34 cm
− 3 m 60 cm
□ m □ cm

5
6 m 15 cm
− 2 m 34 cm
□ m □ cm

6
6 m 34 cm
− 4 m 62 cm
□ m □ cm

7
7 m 49 cm
− 5 m 73 cm
□ m □ cm

8
8 m 15 cm
− 3 m 74 cm
□ m □ cm

9
9 m 28 cm
− 6 m 65 cm
□ m □ cm

집중 시간 4분

길이의 차를 구하세요.

	4	100
	5 m	30 cm
−	2 m	60 cm
	2 m	70 cm

➡

	4	10	
	5	3	0
−	2	6	0
	2	7	0

같은 단위끼리 맞춰 쓴 다음
세 자리 수끼리의 뺄셈과 같은 방법으로 계산해요.

1.
$$\begin{array}{rrrr} & 5\text{ m} & 30\text{ cm} \\ - & 2\text{ m} & 60\text{ cm} \\ \hline & \square\text{ m} & \square\text{ cm} \end{array}$$

2.
$$\begin{array}{rrrr} & 4\text{ m} & 28\text{ cm} \\ - & 1\text{ m} & 50\text{ cm} \\ \hline & \square\text{ m} & \square\text{ cm} \end{array}$$

3.
$$\begin{array}{rrrr} & 6\text{ m} & 19\text{ cm} \\ - & 3\text{ m} & 47\text{ cm} \\ \hline & \square\text{ m} & \square\text{ cm} \end{array}$$

4.
$$\begin{array}{rrrr} & 7\text{ m} & 16\text{ cm} \\ - & 2\text{ m} & 33\text{ cm} \\ \hline & \square\text{ m} & \square\text{ cm} \end{array}$$

5.
$$\begin{array}{rrrr} & 8\text{ m} & 48\text{ cm} \\ - & 5\text{ m} & 76\text{ cm} \\ \hline & \square\text{ m} & \square\text{ cm} \end{array}$$

6.
$$\begin{array}{rrrr} & 6\text{ m} & 25\text{ cm} \\ - & 5\text{ m} & 42\text{ cm} \\ \hline & & \square\text{ cm} \end{array}$$

받아내림한 후 m끼리의 계산한 값이 0이면 m 자리는 비워 둬요.

7.
$$\begin{array}{rrrr} & 7\text{ m} & 67\text{ cm} \\ - & 3\text{ m} & 94\text{ cm} \\ \hline & \square\text{ m} & \square\text{ cm} \end{array}$$

8.
$$\begin{array}{rrrr} & 9\text{ m} & 74\text{ cm} \\ - & 1\text{ m} & 81\text{ cm} \\ \hline & \square\text{ m} & \square\text{ cm} \end{array}$$

9.
$$\begin{array}{rrrr} & 9\text{ m} & 37\text{ cm} \\ - & 4\text{ m} & 65\text{ cm} \\ \hline & \square\text{ m} & \square\text{ cm} \end{array}$$

49 길이의 차 집중 연습

집중 시간 4분

※ 길이의 차를 구하세요.

①
```
    4 m 37 cm
-   2 m 25 cm
-------------
    □ m  □ cm
```

②
```
    3 m 60 cm
-   1 m 24 cm
-------------
    □ m  □ cm
```

③
```
    6 m 43 cm
-   3 m 18 cm
-------------
    □ m  □ cm
```

④
```
    5 m 10 cm
-   2 m 30 cm
-------------
    □ m  □ cm
```

⑤
```
    7 m 26 cm
-   4 m 31 cm
-------------
    □ m  □ cm
```

앗! 실수

⑥
```
    7 m 86 cm
-   3 m 38 cm
-------------
    □ m  □ cm
```

⑦
```
    8 m  5 cm
-   4 m 24 cm
-------------
    □ m  □ cm
```

⑧
```
    6 m 19 cm
-   4 m 99 cm
-------------
    □ m  □ cm
```

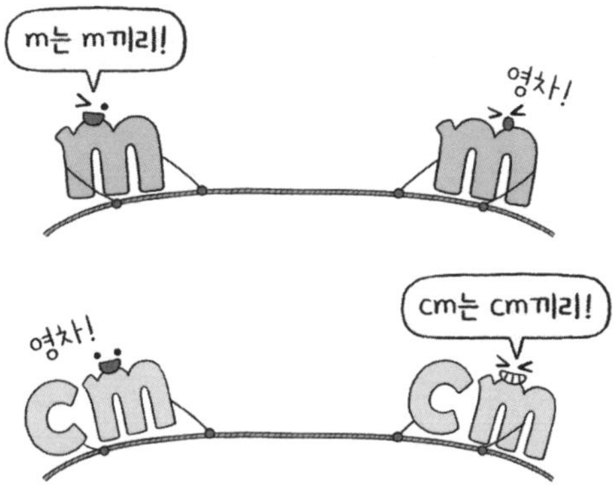

집중 시간 4분

길이의 차를 구하세요.

❶ 5 m 60 cm − 2 m 30 cm

= □ m □ cm

❷ 4 m 83 cm − 3 m 50 cm

= □ m □ cm

❸ 3 m 56 cm − 1 m 23 cm

= □ m □ cm

❹ 6 m 40 cm − 4 m 26 cm

= □ m □ cm

❺ 7 m 62 cm − 5 m 39 cm

= □ m □ cm

앗! 실수

❻ 8 m 76 cm − 5 m 8 cm

= □ m □ cm

❼ 6 m 74 cm − 3 m 26 cm

= □ m □ cm

❽ 7 m 86 cm − 4 m 29 cm

= □ m □ cm

❾ 9 m 62 cm − 3 m 38 cm

= □ m □ cm

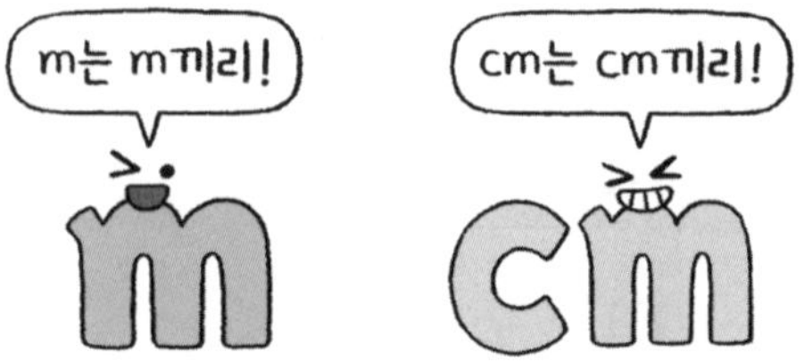
m는 m끼리!
cm는 cm끼리!

50 생활 속 연산 – 길이의 계산

집중 시간 3분

※ 그림을 보고 □ 안에 알맞은 수를 써넣으세요.

1

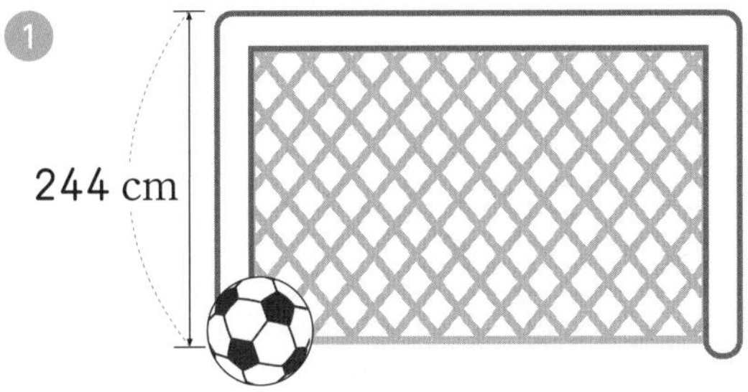

운동장에 있는 축구 골대의 높이는

□ m □ cm입니다.

2

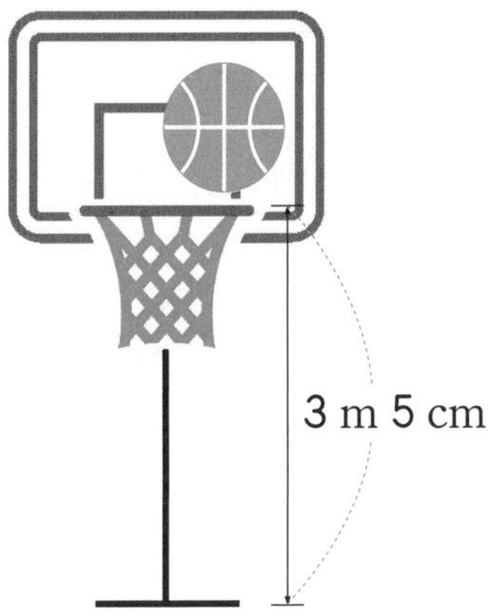

농구 경기장에 있는 농구대의 높이는

□ cm입니다.

3

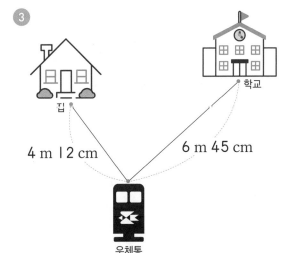

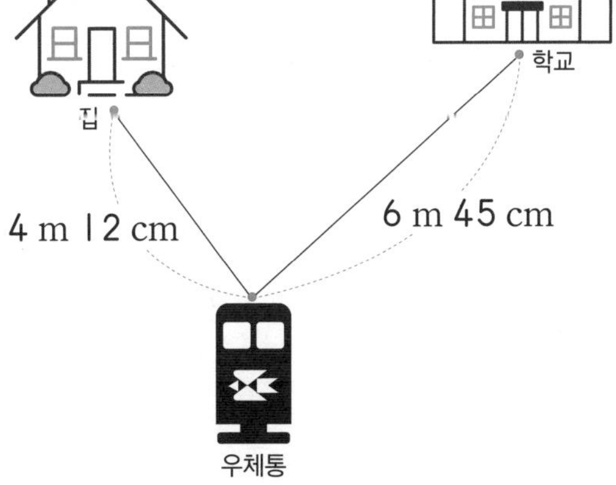

(1) 집에서 우체통을 거쳐 학교까지 가는

거리는 □ m □ cm입니다.

(2) 집에서 우체통까지의 거리는 학교에서

우체통까지의 거리보다

□ m □ cm 더 가깝습니다.

북극곰이 바른 식이 있는 길로 가서 가족을 만나려고 해요. 북극곰이 바른 길로 갈 수 있도록 선으로 이어 보세요.

출발

$300 \text{ cm} = 30 \text{ m}$

$740 \text{ cm} = 7 \text{ m } 4 \text{ cm}$

$5 \text{ m} = 500 \text{ cm}$

$\begin{array}{r} 2 \text{ m } 40 \text{ cm} \\ + 1 \text{ m } 32 \text{ cm} \\ \hline 3 \text{ m } 72 \text{ cm} \end{array}$

$3 \text{ m } 9 \text{ cm} = 390 \text{ cm}$

$\begin{array}{r} 4 \text{ m } 20 \text{ cm} \\ - 2 \text{ m } 50 \text{ cm} \\ \hline 2 \text{ m } 70 \text{ cm} \end{array}$

$605 \text{ cm} = 6 \text{ m } 5 \text{ cm}$

$\begin{array}{r} 2 \text{ m } 53 \text{ cm} \\ + 3 \text{ m } 70 \text{ cm} \\ \hline 5 \text{ m } 23 \text{ cm} \end{array}$

$1 \text{ m } 85 \text{ cm} = 185 \text{ m}$

$\begin{array}{r} 3 \text{ m } 25 \text{ cm} \\ - 1 \text{ m } 90 \text{ cm} \\ \hline 1 \text{ m } 35 \text{ cm} \end{array}$

도착

넷째 마당까지 다 풀었네~ 정말 대단해!

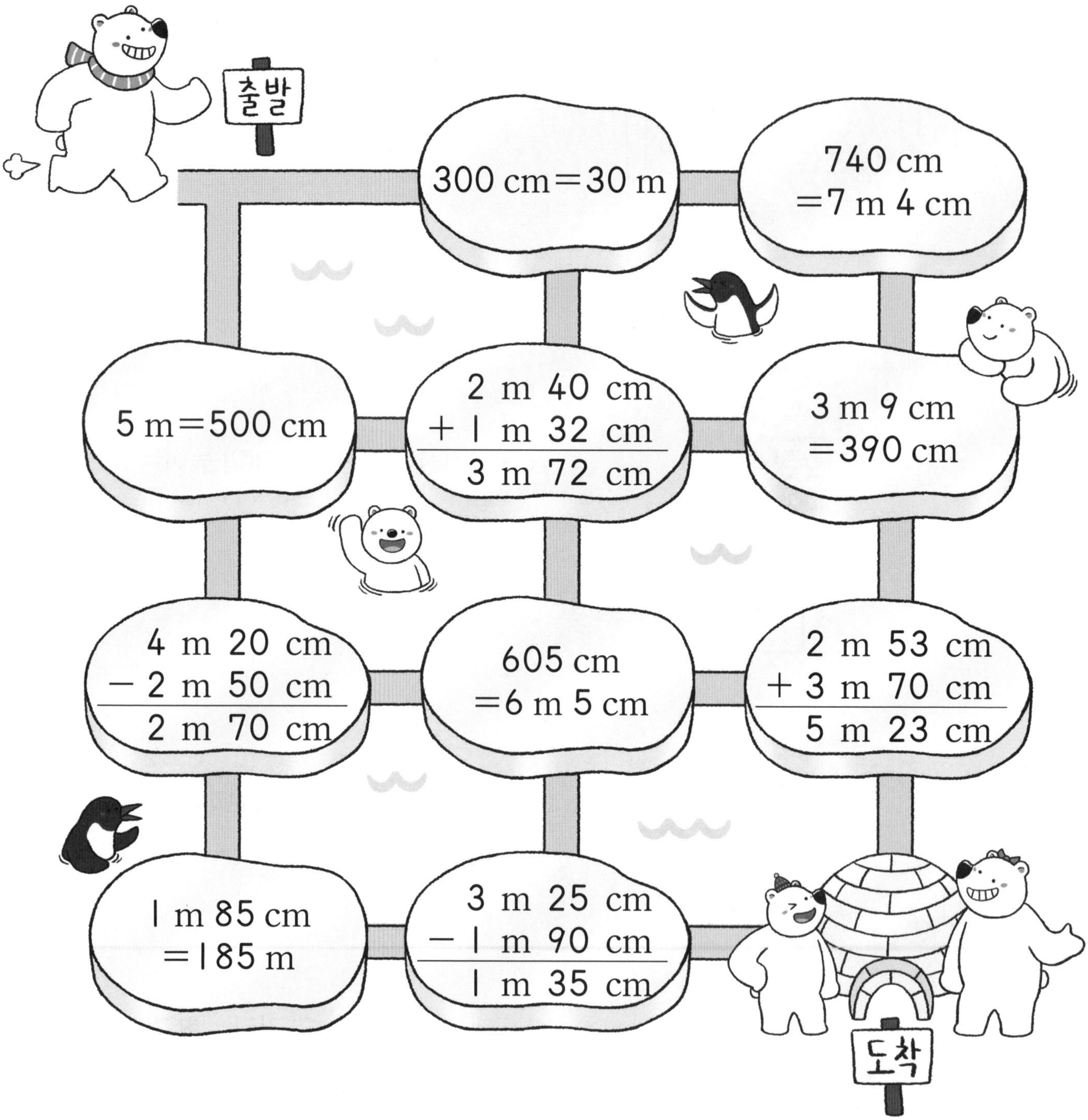

*틀린 문제는 꼭 다시 확인하고 넘어가요!

※ □ 안에 알맞은 수를 써넣으세요.

❶ 600 cm = □ m

❷ 240 cm = □ m □ cm

❸ 5 m 60 cm = □ cm

❹ 8 m 4 cm = □ cm

❺
```
    2 m 40 cm
+   3 m 15 cm
-------------
    □ m  □ cm
```

❻
```
    4 m 70 cm
+   2 m  5 cm
-------------
    □ m  □ cm
```

❼
```
    1 m 35 cm
+   5 m 15 cm
-------------
    □ m  □ cm
```

❽
```
    7 m 40 cm
-   3 m 25 cm
-------------
    □ m  □ cm
```

❾
```
    6 m 70 cm
-   3 m  5 cm
-------------
    □ m  □ cm
```

❿ 

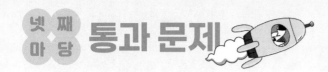

지수의 키는 □ m □ cm 입니다.

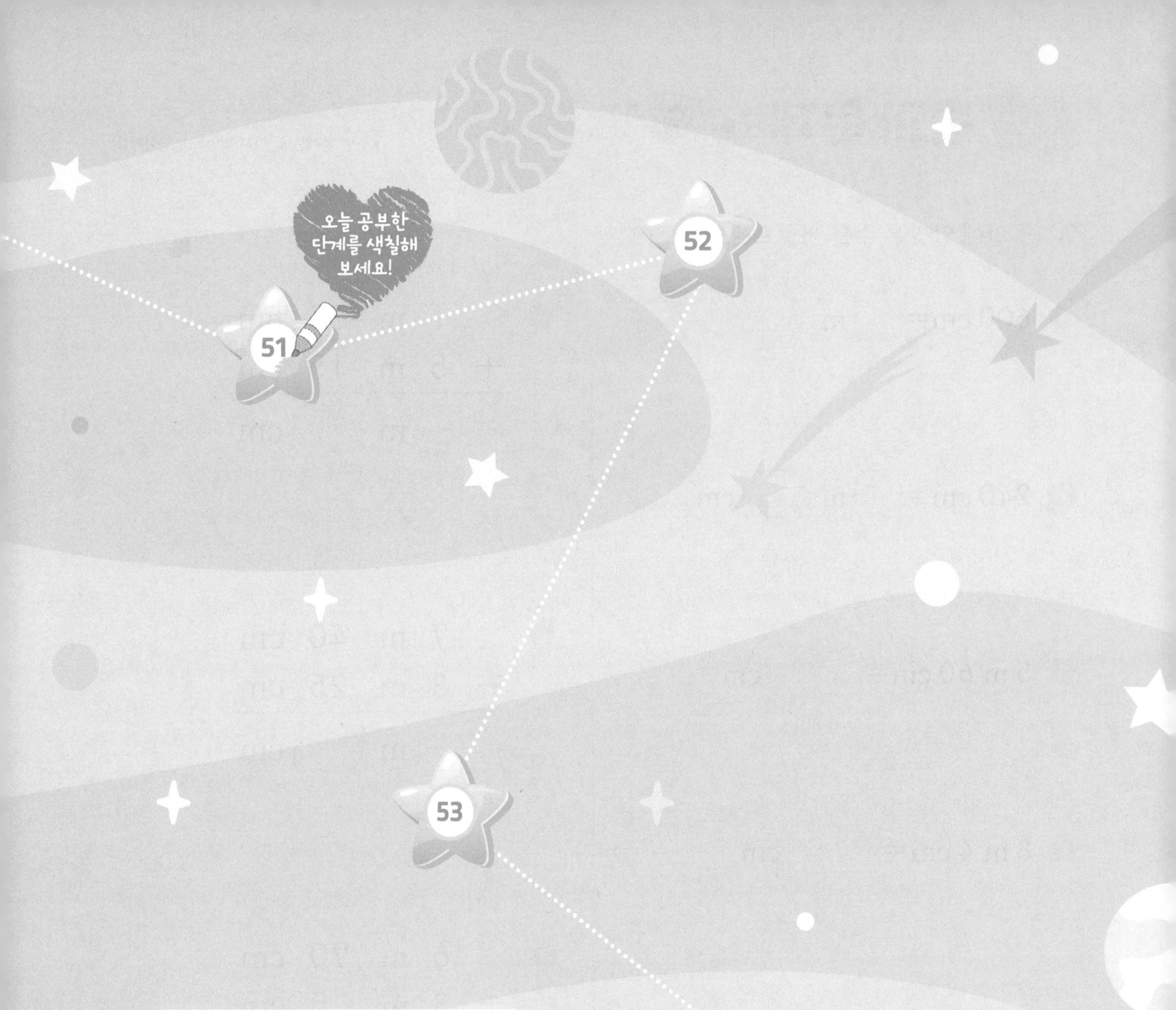
오늘 공부한
단계를 색칠해
보세요!
51
52
53

54

다섯째 마당

시각과 시간

교과서 4. 시각과 시간

바빠 개념 쏙쏙!

몇 시 몇 분

시계의 긴바늘이 가리키는 숫자가 1이면 5분, 2이면 10분, 3이면 15분……을 나타냅니다.

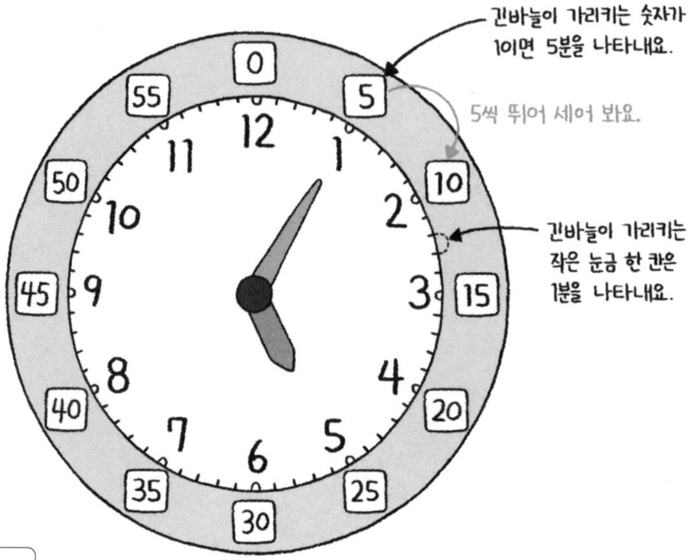

긴바늘이 가리키는 숫자가 1이면 5분을 나타내요.
5씩 뛰어 세어 봐요.
긴바늘이 가리키는 작은 눈금 한 칸은 1분을 나타내요.

시계의 긴바늘이 가리키는 숫자

숫자	1	2	3	4	5	6	7	8	9	10	11	12
분	5	10	15	20	25	30	35	40	45	50	55	0

+5 +5 +5

1시간, 1일, 1주일, 1년

- 시계의 긴바늘이 한 바퀴 도는 데 걸리는 시간은 60분입니다. ➡ 1시간=60분
  (1시간)
- 하루는 24시간입니다. ➡ 1일=24시간
  (1일)
- 1주일은 7일입니다. ➡ 1주일=7일
- 1년은 12개월입니다. ➡ 1년=12개월

51 몇 시 몇 분 알아보기

집중 시간 2분

시계가 나타내는 시각을 쓰세요.

1

1 시 10 분

짧은바늘이 1과 2 사이에 있으면 아직 2시 전으로 '1시 몇 분'이에요.

긴바늘이 2를 가리키고 있으면 10분을 나타내요.

2

시 분

3

시 분

4

긴바늘이 2에서 작은 눈금으로 2칸 더 갔어요.

시 분

5

시 분

6

시 분

7

시 분

✿ 시각에 맞도록 긴바늘을 그려 넣으세요.

① 3시 10분

분을 긴바늘로
그려 넣어 봐요~

→ 짧은바늘

④ 2시 15분

2시 15분이면 짧은바늘이
3보다 2에 더 가까워요.

⑦ 7시 14분

② 4시 23분

⑤ 5시 32분

⑧ 10시 51분

③ 1시 30분

1시 30분은
짧은바늘이
1과 2의 가운데에
놓여요.

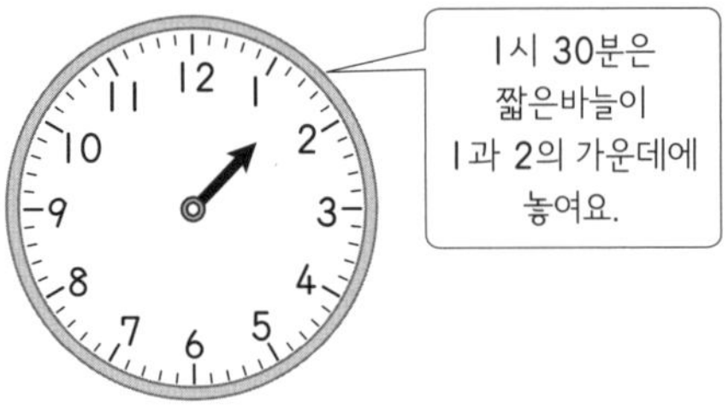

⑥ 9시 26분

⑨ 12시 48분

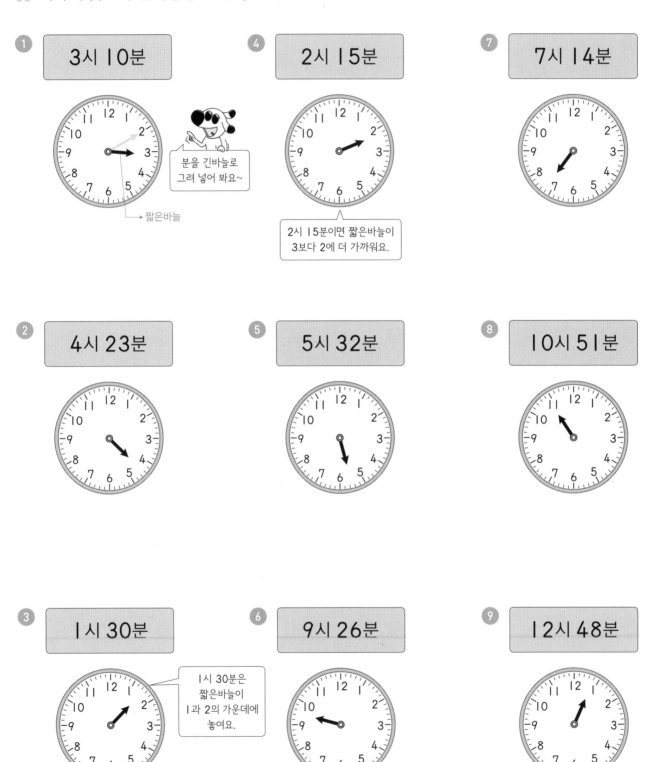

52 몇 시 몇 분 전 알아보기

집중 시간 2분

※ 시계가 나타내는 시각을 쓰세요.

1

2시 [10]분 전

＊ 몇 시 몇 분 전

2시가 되려면 10분이 더 지나야 해요.

➡ 2시 10분 전

2

3시 [　]분 전

몇 분이 지나면 3시가 되는지 확인해 봐요.

4

1시 [　]분 전

6

9시 [　]분 전

3

5시 [　]분 전

5

3시 [　]분 전

7

8시 [　]분 전

※ 시계가 나타내는 시각을 쓰세요.

①

☐시 ☐분

4시 ☐분 전

②

☐시 ☐분

6시 ☐분 전

③

☐시 ☐분

3시 ☐분 전

④

☐시 ☐분

8시 ☐분 전

⑤

☐시 ☐분

9시 ☐분 전

⑥

☐시 ☐분

11시 ☐분 전

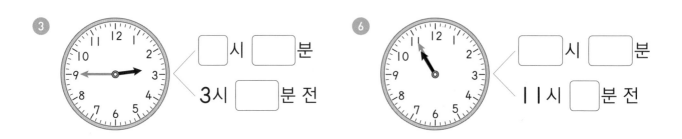

53 1시간은 60분이야

집중 시간 4분

□ 안에 알맞은 수를 써넣으세요.

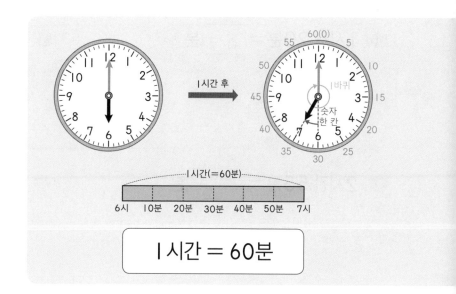

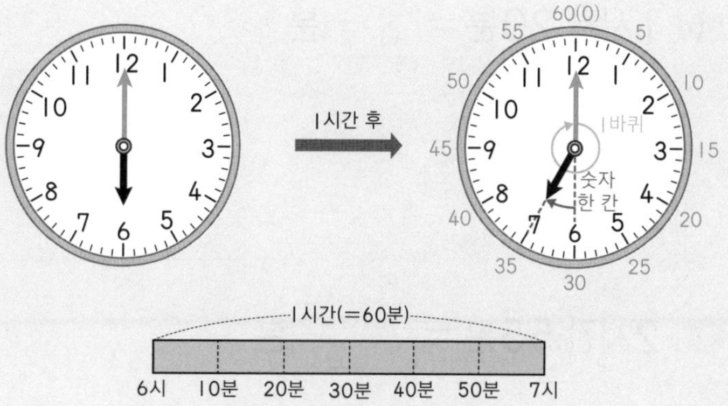

1시간 = 60분

① 2시간= 120 분

1시간+1시간=60분+60분

② 3시간=□분

1시간+1시간+1시간=60분+60분+60분

③ 5시간=□분

60분+60분+60분+60분+60분

180분

③번 답에 5분을 더 더해 주면 되겠네요!

④ 5시간 5분=□분

⑤ 1시간 40분=□분

⑥ 2시간 25분=□분

⑦ 3시간 15분=□분

⑧ 2시간 43분=□분

⑨ 5시간 32분=□분

⑩ 6시간 9분=□분

집중 시간 4분

□ 안에 알맞은 수를 써넣으세요.

1. 1시간 20분 = 80 분
2. 2시간 55분 = □ 분
3. 3시간 30분 = □ 분
4. 3시간 57분 = □ 분
5. 4시간 33분 = □ 분
6. 5시간 8분 = □ 분
7. 5시간 45분 = □ 분
8. 6시간 15분 = □ 분
9. 6시간 46분 = □ 분
10. 7시간 30분 = □ 분

앗! 실수

11. 8시간 20분 = □ 분
12. 9시간 25분 = □ 분

54 60분은 1시간, 120분은 2시간

집중 시간 4분

60분 = 1시간

☐ 안에 알맞은 수를 써넣으세요.

① 120분 = [2] 시간

60분+60분 = 1시간+1시간 → 2시간

② 180분 = ☐ 시간

60분+60분+60분 = 1시간+1시간+1시간 → 3시간

③ 240분 = ☐ 시간

④ 300분 = ☐ 시간

⑤ 65분 = ☐ 시간 ☐ 분

60분+5분

60분으로 쪼갠 개수가 몇 시간이 되고 남은 수가 몇 분이 돼요.

⑥ 90분 = ☐ 시간 ☐ 분

⑦ 130분 = ☐ 시간 ☐ 분

60분+60분+10분 → 2시간

⑧ 200분 = ☐ 시간 ☐ 분

⑨ 182분 = ☐ 시간 ☐ 분

⑩ 256분 = ☐ 시간 ☐ 분

⑪ 327분 = ☐ 시간 ☐ 분

⑫ 412분 = ☐ 시간 ☐ 분

집중 시간 4분

※ □ 안에 알맞은 수를 써넣으세요.

① 69분=[1]시간 [9]분

② 87분=□시간 □분

③ 115분=□시간 □분

④ 131분=□시간 □분
120분은 2시간!

⑤ 174분=□시간 □분

⑥ 193분=□시간 □분

⑦ 209분=□시간 □분
180분은 3시간!

⑧ 238분=□시간 □분

⑨ 246분=□시간 □분
240분은 4시간!

⑩ 317분=□시간 □분

⑪ 355분=□시간 □분

⑫ 400분=□시간 □분

55 하루는 24시간이야

집중 시간 3분

□ 안에 알맞은 수를 써넣으세요.

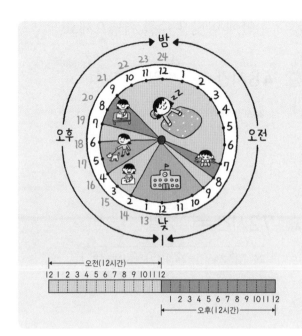

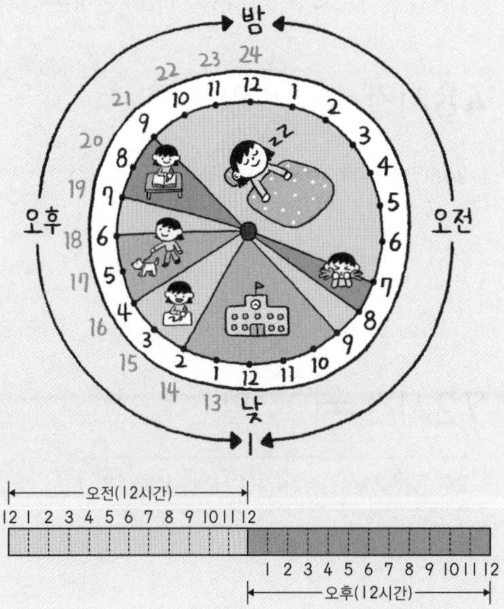

① 2일 = 48 시간

1일+1일=24시간+24시간

② 3일 = □ 시간

1일+1일+1일=24시간+24시간+24시간

③ 4일 = □ 시간

+1일 +24시간

④ 5일 = □ 시간

⑤ 6일 = □ 시간

⑥ 1일 3시간 = □ 시간

⑦ 2일 5시간 = □ 시간

24시간+24시간+5시간

⑧ 3일 8시간 = □ 시간

⑨ 4일 4시간 = □ 시간

⑩ 5일 8시간 = □ 시간

집중 시간 3분

24시간 = 1일

□ 안에 알맞은 수를 써넣으세요.

① 48시간=[2]일

24시간+24시간=1일+1일

② 72시간=□일

24시간+24시간+24시간=1일+1일+1일

③ 96시간=□일

④ 120시간=□일

⑤ 30시간=□일 □시간

24시간+6시간

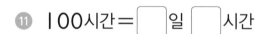

24시간으로 쪼갠 개수가 며칠이 되고 남은 수가 몇 시간이 돼요.

⑥ 45시간=□일 □시간

⑦ 50시간=□일 □시간

24시간+24시간+2시간

⑧ 64시간=□일 □시간

⑨ 74시간=□일 □시간

⑩ 90시간=□일 □시간

⑪ 100시간=□일 □시간

⑫ 125시간=□일 □시간

56 1주일은 7일이야

집중 시간 3분

□ 안에 알맞은 수를 써넣으세요.

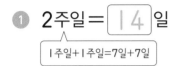

① 2주일＝[14]일

1주일+1주일=7일+7일

② 3주일＝□일

1주일+1주일+1주일=7일+7일+7일

③ 4주일＝□일

④ 5주일＝□일

+2일

⑤ 5주일 2일＝□일

⑥ 1주일 5일＝□일

⑦ 2주일 4일＝□일

7일+7일+4일

⑧ 3주일 3일＝□일

⑨ 4주일 5일＝□일

⑩ 5주일 6일＝□일

집중 시간 3분

7일 = 1주일

※ □ 안에 알맞은 수를 써넣으세요.

① 14일 = [2] 주일
7일+7일 → 2주일

② 28일 = □ 주일
7일+7일+7일+7일 → 4주일

③ 35일 = □ 주일

④ 56일 = □ 주일

⑤ 10일 = □ 주일 □ 일
7일+3일

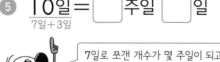

7일로 쪼갠 개수가 몇 주일이 되고, 남은 수가 며칠이 돼요.

⑥ 13일 = □ 주일 □ 일

⑦ 18일 = □ 주일 □ 일
7일+7일+4일

⑧ 25일 = □ 주일 □ 일

⑨ 31일 = □ 주일 □ 일

⑩ 45일 = □ 주일 □ 일

앗! 실수

⑪ 60일 = □ 주일 □ 일

⑫ 72일 = □ 주일 □ 일

57 1년은 12개월이야

집중 시간 3분

1년 = 12개월

□ 안에 알맞은 수를 써넣으세요.

① 2년 = 24 개월

1년+1년=12개월+12개월

② 3년 = □ 개월

1년+1년+1년=12개월+12개월+12개월

③ 4년 = □ 개월

3년이 36개월인 걸 알고 있으면
4년은 12개월을 더 더해 주면 되겠네요!

④ 5년 = □ 개월

⑤ 6년 = □ 개월

⑥ 6년 3개월 = □ 개월

⑦ 2년 4개월 = □ 개월

12개월+12개월+4개월

⑧ 3년 6개월 = □ 개월

⑨ 4년 8개월 = □ 개월

⑩ 5년 7개월 = □ 개월

⑪ 1년 11개월 = □ 개월

⑫ 5년 9개월 = □ 개월

집중 시간 4분

※ □ 안에 알맞은 수를 써넣으세요.

① 24개월＝[2]년

(12개월+12개월)

② 48개월＝□년

(12개월+12개월+12개월+12개월)

③ 60개월＝□년

④ 72개월＝□년

⑤ 15개월＝□년 □개월

(12개월+3개월)

12개월로 쪼갠 개수가 몇 년이 되고,
남은 수가 몇 개월이 돼요.

⑥ 22개월＝□년 □개월

⑦ 30개월＝□년 □개월

(12개월+12개월+6개월)

⑧ 34개월＝□년 □개월

⑨ 46개월＝□년 □개월

⑩ 53개월＝□년 □개월

⑪ 58개월＝□년 □개월

⑫ 62개월＝□년 □개월

58 생활 속 연산 – 시각과 시간

집중 시간 2분

※ 지훈이의 성장 일기입니다. □ 안에 알맞은 수를 써넣으세요.

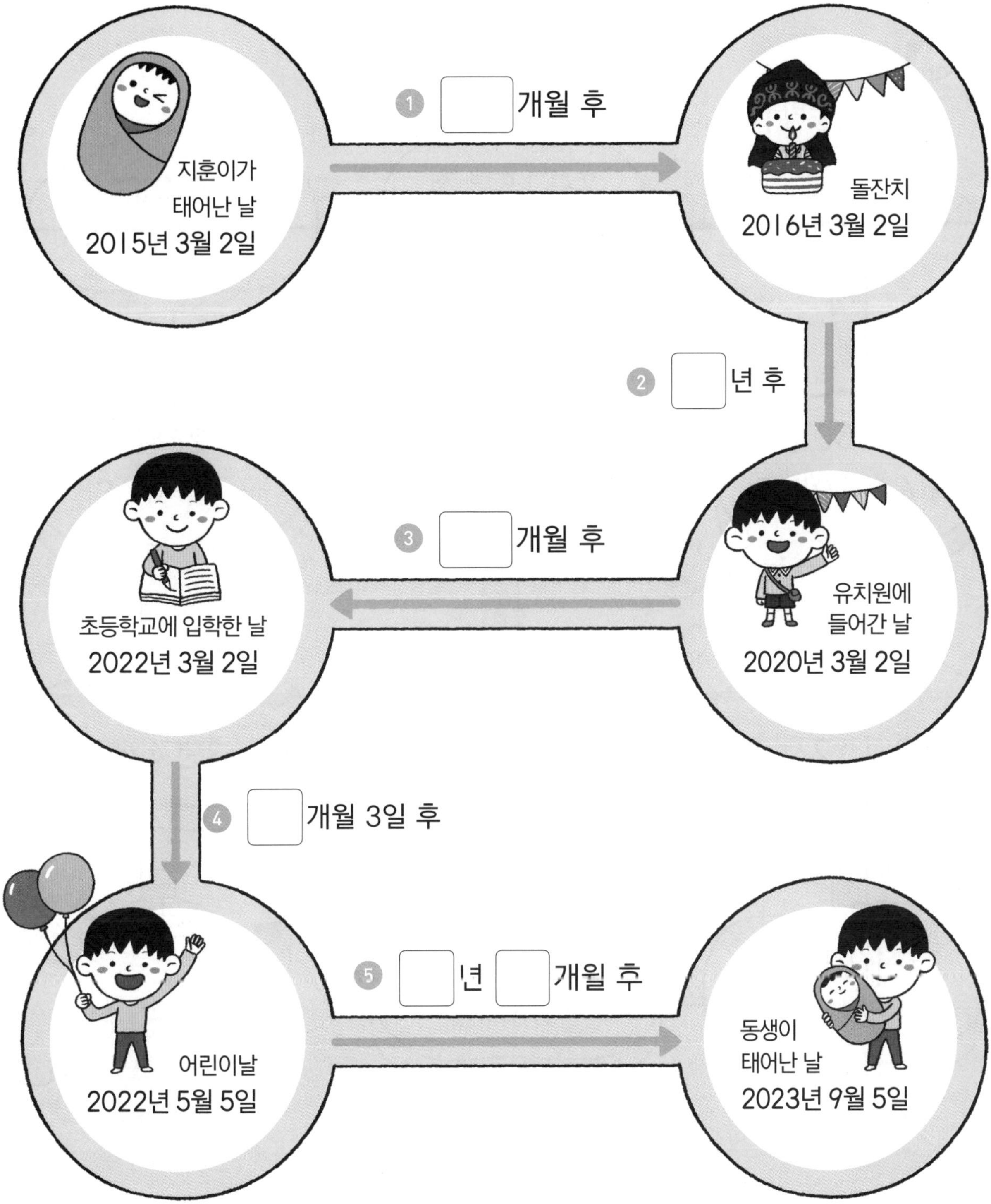

집중 시간 3분

※ 북극곰이 바르게 나타낸 길로 가서 가족을 만나려고 해요. 북극곰이 바른 길로 갈 수 있도록 선으로 이어 보세요.

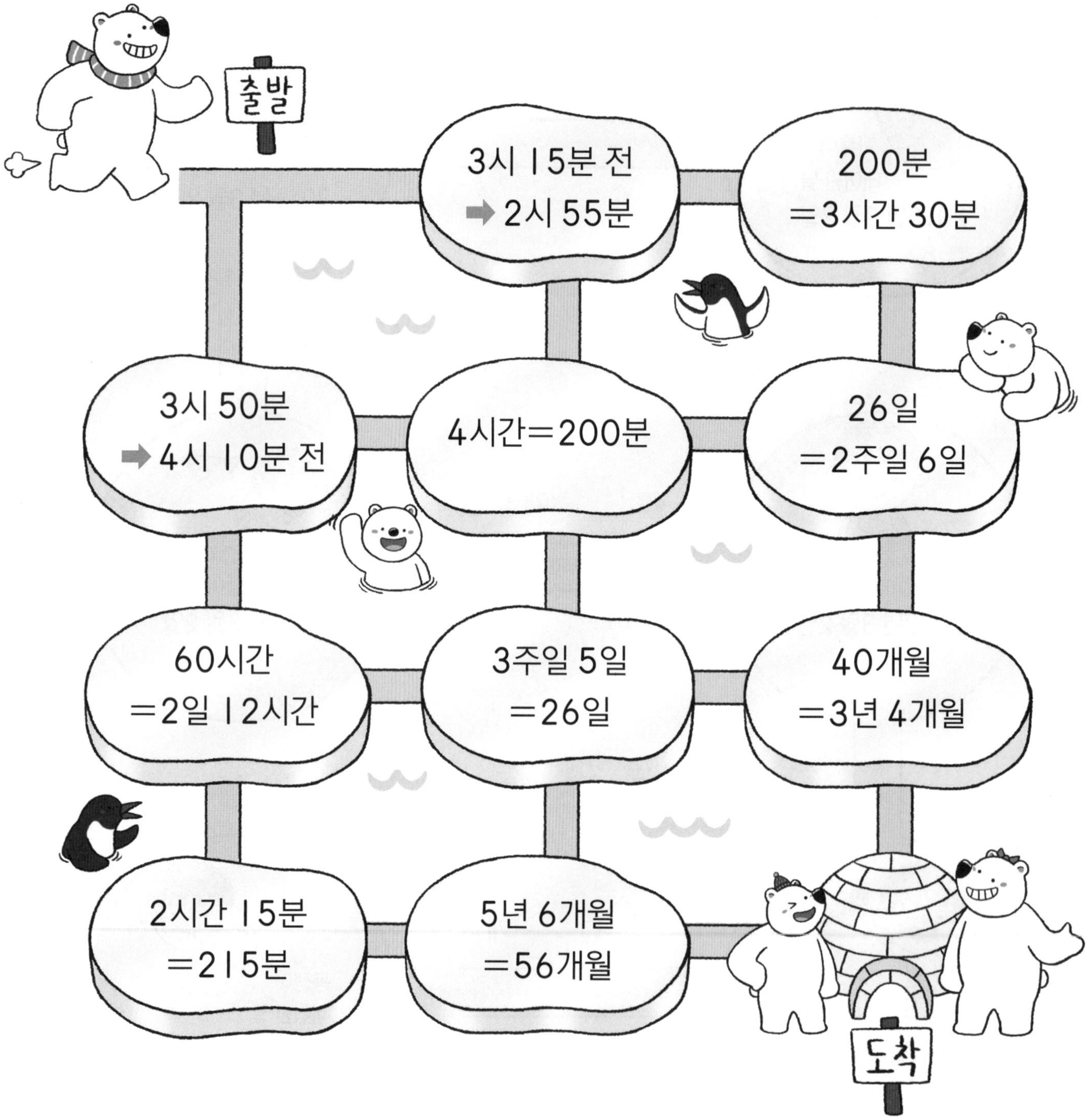

*틀린 문제는 꼭 다시 확인하고 넘어가요!

□ 안에 알맞은 수를 써넣으세요.

❶

□시 □분

❷

□시 □분

❸

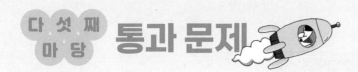

□시 □분 전

❹ 4시간=□분

❺ 3시간 35분=□분

❻ 310분=□시간 □분

❼ 237분=□시간 □분

❽ 7일=□시간

❾ 5일 5시간=□시간

❿ 98시간=□일 □시간

⓫ 67시간=□일 □시간

⓬ 6주일=□일

⓭ 4주일 3일=□일

⓮ 17일=□주일 □일

⓯ 2년 5개월=□개월

⓰ 47개월=□년 □개월

MEMO

초등 수학 공부, 이렇게 하면 효과적!

"펑펑 내려야 눈이 쌓이듯 공부도 집중해야 실력이 쌓인다!"

바빠 교과서 연산
1-1
"우리 아이가 끝까지 푼 책은 이 책이 처음이에요."

학교 다닐 때는? 학기별 연산책 '바빠 교과서 연산'

'바빠 교과서 연산'부터 시작하세요. 학기별 진도에 딱 맞춘 쉬운 연산 책이니까요! 방학 동안 다음 학기 선행을 준비할 때도 '바빠 교과서 연산'으로 시작하세요! 교과서 순서대로 빠르게 공부할 수 있어, 첫 번째 수학 책으로 추천합니다.

나 혼자 푼다
바빠
수학 문장제
빈칸을 채우면
풀이는 저절로 완성!
1-1

시험이나 서술형 대비는? '나 혼자 푼다 바빠 수학 문장제'

학교 시험을 대비하고 싶다면 '나 혼자 푼다 수학 문장제'로 공부하세요. 너무 어렵지도 쉽지도 않은 딱 적당한 난이도로, 빈칸을 채우면 풀이 과정이 완성됩니다! 막막하지 않아요~ 요즘 학교 시험 풀이 과정을 손쉽게 연습할 수 있습니다.

1초 만에 답이 튀어나오는 곱셈구구 훈련서
바쁜 초등학생을 위한 빠른 구구단
9×9

방학 때는? 10일 완성 영역별 연산책 '바빠 연산법'

내가 부족한 영역만 골라 보충할 수 있어요! 예를 들어 4학년인데 나눗셈이 어렵다면 나눗셈만, 분수가 어렵다면 분수만 골라 훈련하세요. 방학 때나 학습 결손이 생겼을 때, 취약한 연산 구멍을 빠르게 메꿀 수 있어요!

바빠 연산 영역 :
덧셈, 뺄셈, 구구단, 시계와 시간, 길이와 시간 계산, 곱셈, 나눗셈, 약수와 배수, 분수, 소수, 자연수의 혼합 계산, 분수와 소수의 혼합 계산, 평면도형 계산, 입체도형 계산, 비와 비례, 방정식, 확률과 통계

바빠 시리즈 초등 학년별 추천 도서

학년	학기별 연산책 바빠 교과서 연산 학기 중, 선행용으로 추천!	나 혼자 푼다 바빠 수학 문장제 학교 시험 서술형 완벽 대비!
1학년	· 바빠 교과서 연산 1-1 · 바빠 교과서 연산 1-2	· 나 혼자 푼다 바빠 수학 문장제 1-1 · 나 혼자 푼다 바빠 수학 문장제 1-2
2학년	· 바빠 교과서 연산 2-1 · 바빠 교과서 연산 2-2	· 나 혼자 푼다 바빠 수학 문장제 2-1 · 나 혼자 푼다 바빠 수학 문장제 2-2
3학년	· 바빠 교과서 연산 3-1 · 바빠 교과서 연산 3-2	· 나 혼자 푼다 바빠 수학 문장제 3-1 · 나 혼자 푼다 바빠 수학 문장제 3-2
4학년	· 바빠 교과서 연산 4-1 · 바빠 교과서 연산 4-2	· 나 혼자 푼다 바빠 수학 문장제 4-1 · 나 혼자 푼다 바빠 수학 문장제 4-2
5학년	· 바빠 교과서 연산 5-1 · 바빠 교과서 연산 5-2	· 나 혼자 푼다 바빠 수학 문장제 5-1 · 나 혼자 푼다 바빠 수학 문장제 5-2
6학년	· 바빠 교과서 연산 6-1 · 바빠 교과서 연산 6-2	· 나 혼자 푼다 바빠 수학 문장제 6-1 · 나 혼자 푼다 바빠 수학 문장제 6-2

'바빠 교과서 연산'과
'나 혼자 문장제'를
함께 풀면
한 학기 수학 완성!
이번 학기 공부 습관을 만드는 첫 연산 책!
바빠 교과서 연산
2-1
1-1
"우리 아이가
끝까지 푼 책은
이 책이 처음이에요."
작은 발걸음 방식 문제 배치, 전문가의 연산 꿀팁 가득!
이지스에듀
나 혼자 푼다
바빠 수학 문장제
빈칸을 채우면
풀이는 저절로 완성!
새로 바뀐 1학기 교과서에 맞추어
주관식부터 서술형까지 해결!
2-1
1-1
이지스에듀

이번 학기 공부 습관을 만드는 첫 연산 책!

새 교육과정 반영

바빠 교과서 연산 2-2

바쁜 친구들이 즐거워지는
빠른 학습법

정답 및 풀이

이지스에듀

이번 학기
공부 습관을 만드는
첫 연산 책!

11~12쪽

01 천, 몇천 쓰고 읽기

집중 시간 2분

수 모형이 나타내는 수를 빈칸에 쓰고, 읽어 보세요.

❶ 천 모형 1개

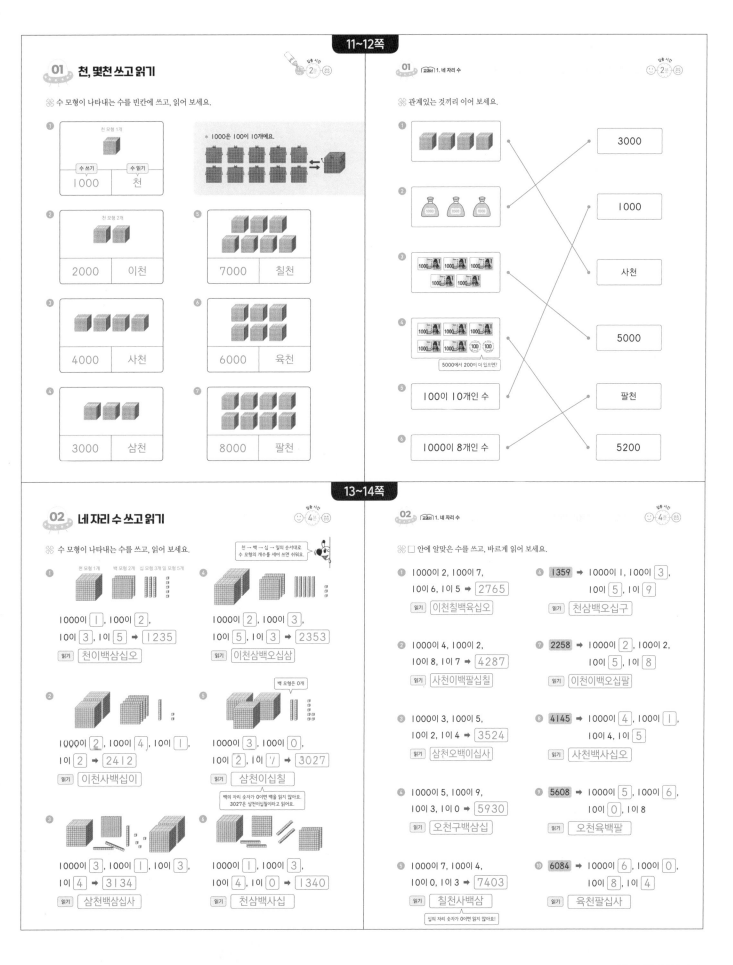

수 쓰기	수 읽기
1000	천

* 1000은 100이 10개예요.

❷ 천 모형 2개

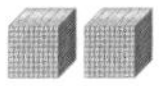

2000	이천

❸

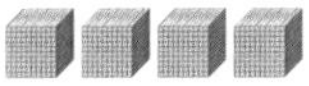

4000	사천

❹

3000	삼천

❺

7000	칠천

❻

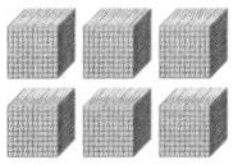

6000	육천

❼

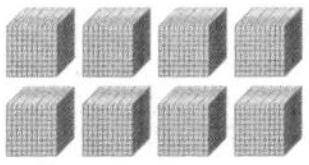

8000	팔천

01 교과서 1. 네 자리 수

집중 시간 2분

관계있는 것끼리 이어 보세요.

❶ 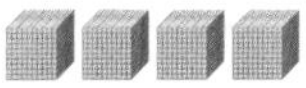 — 사천

❷ 

— 3000

❸  — 5000

❹  — 5200

5000에서 200이 더 있으면?

❺ 100이 10개인 수 — 1000

❻ 1000이 8개인 수 — 팔천

(오른쪽: 3000, 1000, 사천, 5000, 팔천, 5200)

13~14쪽

02 네 자리 수 쓰고 읽기

집중 시간 4분

수 모형이 나타내는 수를 쓰고, 읽어 보세요.

천 → 백 → 십 → 일의 순서대로 수 모형의 개수를 세어 쓰면 쉬워요.

❶ 천 모형 1개 백 모형 2개 십 모형 3개 일 모형 5개

1000이 [1], 100이 [2],
10이 [3], 1이 [5] ➡ [1235]
읽기 [천이백삼십오]

❷

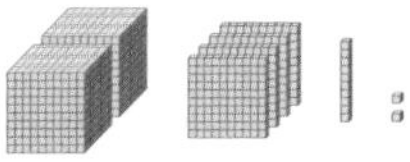

1000이 [2], 100이 [4], 10이 [1],
1이 [2] ➡ [2412]
읽기 [이천사백십이]

❸

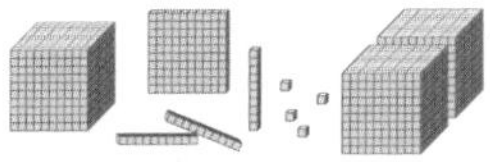

1000이 [3], 100이 [1], 10이 [3],
1이 [4] ➡ [3134]
읽기 [삼천백삼십사]

❹

1000이 [2], 100이 [3],
10이 [5], 1이 [3] ➡ [2353]
읽기 [이천삼백오십삼]

❺ 백 모형은 0개

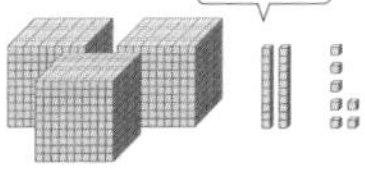

1000이 [3], 100이 [0],
10이 [2], 1이 [7] ➡ [3027]
읽기 [삼천이십칠]

백의 자리 숫자가 0이면 백을 읽지 않아요. 3027은 삼천이십칠이라고 읽어요.

❻

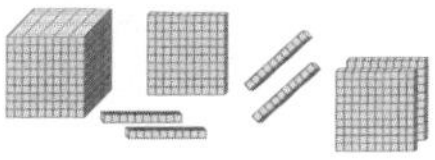

1000이 [1], 100이 [3],
10이 [4], 1이 [0] ➡ [1340]
읽기 [천삼백사십]

02 교과서 1. 네 자리 수

집중 시간 4분

□ 안에 알맞은 수를 쓰고, 바르게 읽어 보세요.

❶ 1000이 2, 100이 7,
10이 6, 1이 5 ➡ [2765]
읽기 [이천칠백육십오]

❷ 1000이 4, 100이 2,
10이 8, 1이 7 ➡ [4287]
읽기 [사천이백팔십칠]

❸ 1000이 3, 100이 5,
10이 2, 1이 4 ➡ [3524]
읽기 [삼천오백이십사]

❹ 1000이 5, 100이 9,
10이 3, 1이 0 ➡ [5930]
읽기 [오천구백삼십]

❺ 1000이 7, 100이 4,
10이 0, 1이 3 ➡ [7403]
읽기 [칠천사백삼]

십의 자리 숫자가 0이면 읽지 않아요!

❻ 1359 ➡ 1000이 1, 100이 [3],
10이 [5], 1이 [9]
읽기 [천삼백오십구]

❼ 2258 ➡ 1000이 [2], 100이 2,
10이 [5], 1이 [8]
읽기 [이천이백오십팔]

❽ 4145 ➡ 1000이 [4], 100이 [1],
10이 4, 1이 [5]
읽기 [사천백사십오]

❾ 5608 ➡ 1000이 [5], 100이 [6],
10이 [0], 1이 8
읽기 [오천육백팔]

❿ 6084 ➡ 1000이 [6], 100이 [0],
10이 [8], 1이 [4]
읽기 [육천팔십사]

15~16쪽

03 자리에 따라 숫자가 나타내는 값이 달라!

집중 시간 4분

※ 빈칸에 알맞은 말이나 수를 써넣으세요.

❶ 3333 — 삼천삼백삼십삼 (수 읽기)
➡ 3000+300+30+[3]

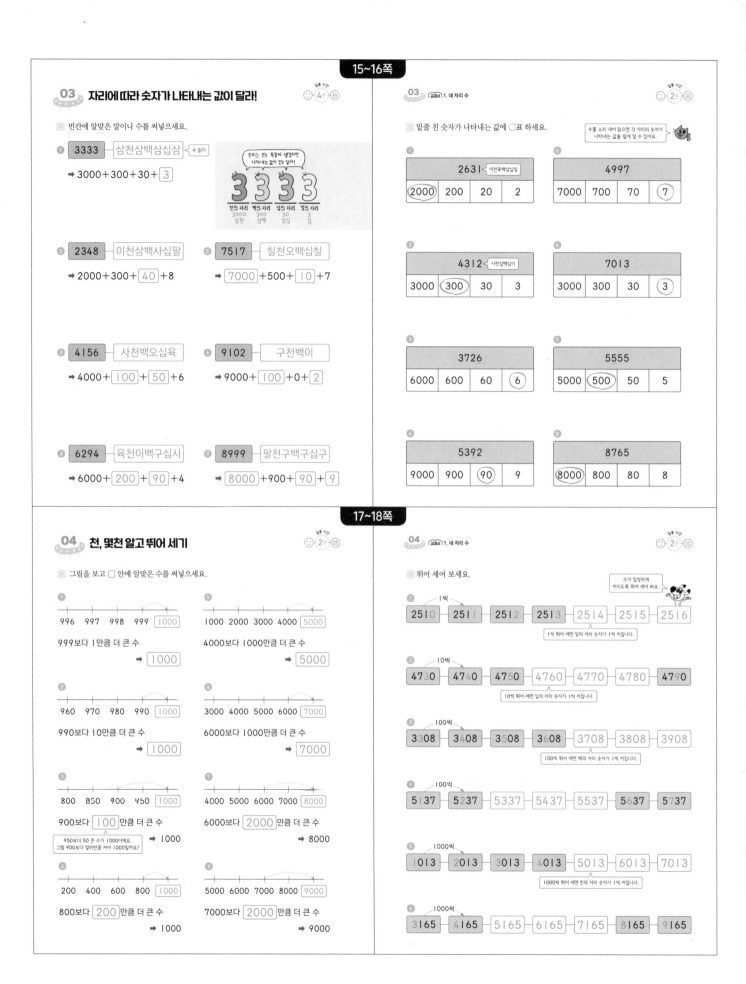

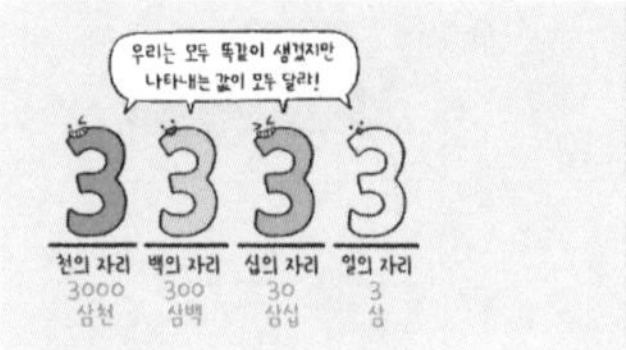

❷ 2348 — 이천삼백사십팔
➡ 2000+300+[40]+8

❸ 4156 — 사천백오십육
➡ 4000+[100]+[50]+6

❹ 6294 — 육천이백구십사
➡ 6000+[200]+[90]+4

❺ 7517 — 칠천오백십칠
➡ [7000]+500+[10]+7

❻ 9102 — 구천백이
➡ 9000+[100]+0+[2]

❼ 8999 — 팔천구백구십구
➡ [8000]+900+[90]+[9]

03 교과서 1. 네 자리 수

집중 시간 2분

※ 밑줄 친 숫자가 나타내는 값에 ◯표 하세요.

수를 소리 내어 읽으면 각 자리의 숫자가 나타내는 값을 쉽게 알 수 있어요.

❶ 2631 (이천육백삼십일)

2000	200	20	2

❷ 4312 (사천삼백십이)

3000	**300**	30	3

❸ 3726

6000	600	60	**6**

❹ 5392

9000	900	**90**	9

❺ 4997

7000	700	70	**7**

❻ 7013

3000	300	30	**3**

❼ 5555

5000	**500**	50	5

❽ 8765

8000	800	80	8

17~18쪽

04 천, 몇천 알고 뛰어 세기

집중 시간 2분

※ 그림을 보고 □ 안에 알맞은 수를 써넣으세요.

❶ 996 997 998 999 [1000]
999보다 1만큼 더 큰 수
➡ [1000]

❷ 960 970 980 990 [1000]
990보다 10만큼 더 큰 수
➡ [1000]

❸ 800 850 900 950 [1000]
900보다 [100]만큼 더 큰 수
➡ 1000

950보다 50 큰 수가 1000이에요. 그럼 900보다 얼마만큼 커야 1000일까요?

❹ 200 400 600 800 [1000]
800보다 [200]만큼 더 큰 수
➡ 1000

❺ 1000 2000 3000 4000 [5000]
4000보다 1000만큼 더 큰 수
➡ [5000]

❻ 3000 4000 5000 6000 [7000]
6000보다 1000만큼 더 큰 수
➡ [7000]

❼ 4000 5000 6000 7000 [8000]
6000보다 [2000]만큼 더 큰 수
➡ 8000

❽ 5000 6000 7000 8000 [9000]
7000보다 [2000]만큼 더 큰 수
➡ 9000

04 교과서 1. 네 자리 수

집중 시간 2분

※ 뛰어 세어 보세요.

수가 일정하게 커지도록 뛰어 세어 봐요.

❶ 1씩
2510 — 2511 — 2512 — 2513 — [2514] — [2515] — [2516]

1씩 뛰어 세면 일의 자리 숫자가 1씩 커집니다.

❷ 10씩
4730 — 4740 — 4750 — [4760] — [4770] — [4780] — 4790

10씩 뛰어 세면 십의 자리 숫자가 1씩 커집니다.

❸ 100씩
3308 — 3408 — 3508 — 3608 — [3708] — [3808] — [3908]

100씩 뛰어 세면 백의 자리 숫자가 1씩 커집니다.

❹ 100씩
5137 — 5237 — [5337] — [5437] — [5537] — 5637 — 5737

❺ 1000씩
1013 — 2013 — 3013 — 4013 — [5013] — [6013] — [7013]

1000씩 뛰어 세면 천의 자리 숫자가 1씩 커집니다.

❻ 1000씩
3165 — 4165 — [5165] — [6165] — [7165] — 8165 — 9165

19~20쪽

05 1씩, 10씩, 100씩, 1000씩 뛰어 세기 집중 연습

집중 시간 2분

뛰어 세어 보세요.

① 100씩

2216 - 2316 - 2416 - 2516 - 2616 - 2716 - 2816

② 1씩

4322 - 4323 - 4324 - 4325 - 4326 - 4327 - 4328

③ 1000씩

3123 - 4123 - 5123 - 6123 - 7123 - 8123 - 9123

④ 10씩

6784 - 6794 - 6804 - 6814 - 6824 - 6834 - 6844

⑤ 1씩

5975 - 5976 - 5977 - 5978 - 5979 - 5980 - 5981

⑥ 100씩

8510 - 8610 - 8710 - 8810 - 8910 - 9010 - 9110

05 교과서 1. 네 자리 수

집중 시간 3분

뛰어 세어 보세요.

① 변하는 수에 밑줄을 치면서 살펴보면 더 쉬워요.

3321 - 4321 - 5321 - 6321 - 7321 - 8321 - 9321

② 5530 - 5540 - 5550 - 5560 - 5570 - 5580 - 5590

③ 8652 - 8653 - 8654 - 8655 - 8656 - 8657 - 8658

④ 7015 - 7115 - 7215 - 7315 - 7415 - 7515 - 7615

⑤ 4390 - 4400 - 4410 - 4420 - 4430 - 4440 - 4450

⑥ 2987 - 3987 - 4987 - 5987 - 6987 - 7987 - 8987

21~22쪽

06 천의 자리 숫자부터 차례대로 비교하자

집중 시간 2분

빈칸에 각 자리의 숫자를 써넣고, 알맞은 말에 ○표 하세요.

①

	천의 자리	백의 자리	십의 자리	일의 자리
4210 ➡	4	2	1	0
3451 ➡	3	4	5	1

4>3

4210은 3451보다 (큽니다 , 작습니다). (큽니다에 ○표)

천 백 십 일

비교 순서 ① ② ③ ④

네 자리 수의 크기 비교는 천의 자리부터 순서대로 해요.
천의 자리 수가 같으면 백의 자리를, 백의 자리 수가 같으면 십의 자리를, 십의 자리 수가 같으면 일의 자리를 비교해요.

②

	천의 자리	백의 자리	십의 자리	일의 자리
2789 ➡	2	7	8	9
3124 ➡	3	1	2	4

2789는 3124보다 (큽니다 , 작습니다). (작습니다에 ○표)

③

	천의 자리	백의 자리	십의 자리	일의 자리
3912 ➡	3	9	1	2
3575 ➡	3	5	7	5

3912는 3575보다 (큽니다 , 작습니다). (큽니다에 ○표)

④

	천의 자리	백의 자리	십의 자리	일의 자리
5475 ➡	5	4	7	5
5469 ➡	5	4	6	9

5475는 5469보다 (큽니다 , 작습니다). (큽니다에 ○표)

⑤

	천의 자리	백의 자리	십의 자리	일의 자리
8012 ➡	8	0	1	2
8017 ➡	8	0	1	7

8012는 8017보다 (큽니다 , 작습니다). (작습니다에 ○표)

06 교과서 1. 네 자리 수

집중 시간 2분

두 수의 크기를 비교하여 ○ 안에 >, < 중 알맞은 것을 써넣으세요.

① 3891 (<) 4200
3<4

② 1632 (>) 1358
6>3
천의 자리 숫자가 같으면 백의 자리 숫자를 비교해요.

③ 2808 (>) 2799

④ 9587 (>) 9584

⑤ 5287 (<) 6088

⑥ 4300 (>) 2900

⑦ 7008 (<) 7040

⑧ 5374 (>) 5187

⑨ 6467 (<) 7210

⑩ 3909 (>) 3799

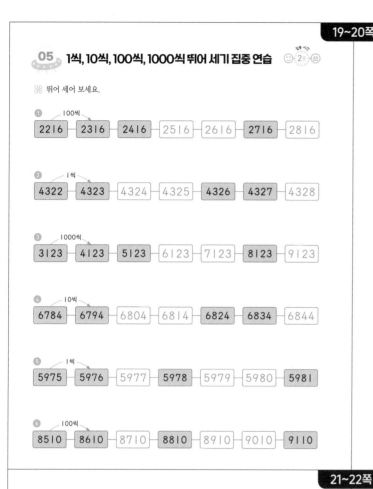

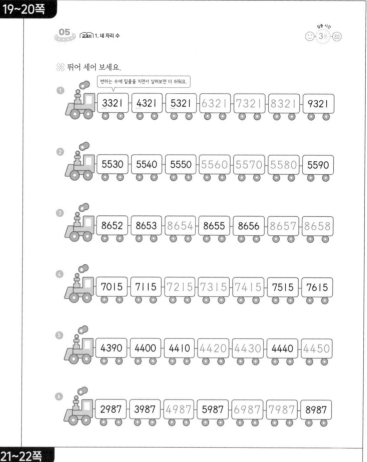

07 더 큰 수와 더 작은 수 찾기

걸린 시간 2분

큰 수를 찾는지, 작은 수를 찾는지
잘 읽고 풀어요.

※ □ 안에 알맞은 수를 써넣으세요.

1
| 2920 | 3912 |

더 큰 수: 3912

2
| 5873 | 5809 |

더 큰 수: 5873

3
| 4901 | 5003 |

더 큰 수: 5003

4
| 6199 | 6294 |

더 큰 수: 6294

5
| 7000 | 6999 |

더 큰 수: 7000

6
| 4970 | 4513 |

더 작은 수: 4513

7
| 7461 | 7469 |

더 작은 수: 7461

8
| 5103 | 5099 |

더 작은 수: 5099

9
| 3980 | 3985 |

더 작은 수: 3980

10
| 8487 | 9123 |

더 작은 수: 8487

07 [교과서] 1. 네 자리 수

걸린 시간 3분

천 백 십 일
비교 순서 ①─②─③─④

※ 가장 큰 수에 ○표, 가장 작은 수에 △표 하세요.

1
3457, 4107, 3729, 4130

2
2958, 2912, 2937, 2945

3
3234, 4034, 4134, 3134

4
4275, 5692, 6281, 4281

5
7914, 7273, 7999, 8010

6
3263, 5180, 4674, 3271

08 생활 속 연산 - 네 자리 수

걸린 시간 2분

※ 다음은 위인들이 태어난 연도입니다. 빈칸에 알맞은 수나 말을 써넣으세요.

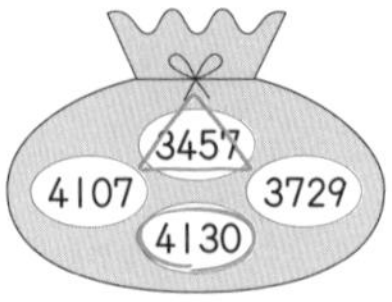

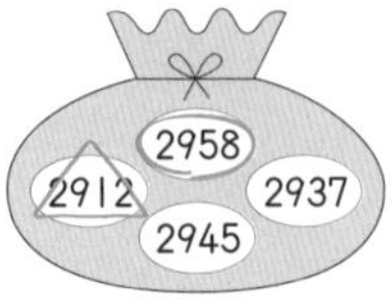

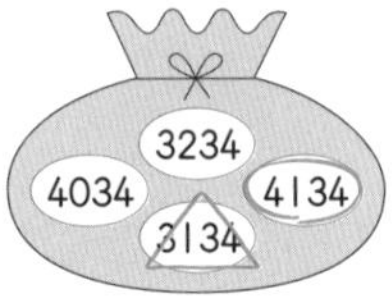

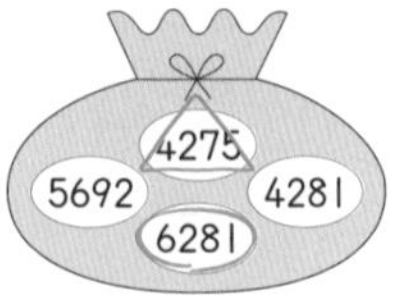

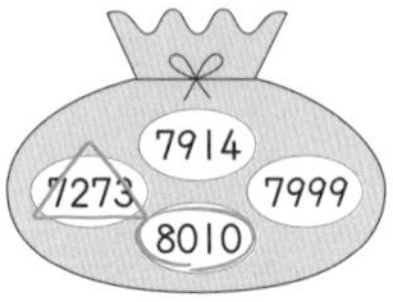

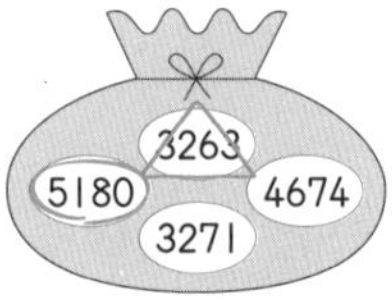

1 세종대왕
나는 조선 제4대 왕!
| 1397 | 천삼백구십칠 |
수 읽기

2 이황
| 1501 | 천오백일 |

3 이순신
살려는 자는 죽고
죽으려는 자는 살 것이다.
| 1545 | 천오백사십오 |

4 이성계
| 1335 | 천삼백삼십오 |
수 쓰기

5 신사임당
| 1504 | 천오백사 |

6 정조
| 1752 | 천칠백오십이 |

08 꿀먹! 연산 간식

걸린 시간 2분

※ 토끼가 당근 농장에 가려면 3172부터 100씩 뛰어 센 징검다리를 밟고 건너야 합니다.
토끼가 밟고 건너야 할 징검다리에 모두 ○표 해 보세요.

출발 3272 3382
3172 3372 3392
4172 3472 4572
3572
3392 3672
3772
도착

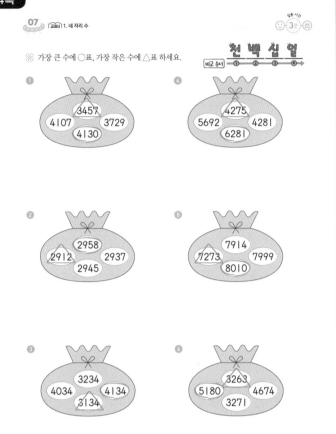

27쪽

첫째 마당 통과 문제

*틀린 문제는 꼭 다시 확인하고 넘어가요!

□ 안에 알맞은 수를 써넣으세요.

3차시
❶ 3498
= 3000 +400+90+ 8

3차시
❷ 2816
=2000+ 800 + 10 +6

3차시
❸ 7025= 7000 + 20 +5

4차시
❹ 960 970 980 990 1000
980보다 20만큼 더 큰 수
➡ 1000

4차시
❺ 800 850 900 950 1000
950보다 50 만큼 더 큰 수
➡ 1000

4차시
❻ 1씩 뛰어 세기
3324 - 3325 - 3326 - 3327

4차시
❼ 100씩 뛰어 세기
5624 - 5724 - 5824 - 5924

7차시
❽ 1275 | 1290
더 큰 수: 1290

7차시
❾ 5730 | 5270
더 작은 수: 5270

7차시
❿ 3688 | 4275 | 3857
가장 큰 수: 4275
가장 작은 수: 3688

8차시
⓫ 종이집게가 한 통에 100개씩 들어 있습니다. 12통에 들어 있는 종이집게는 모두 1200 개입니다.

첫째 마당 정복!
둘째 마당으로 가 보자고

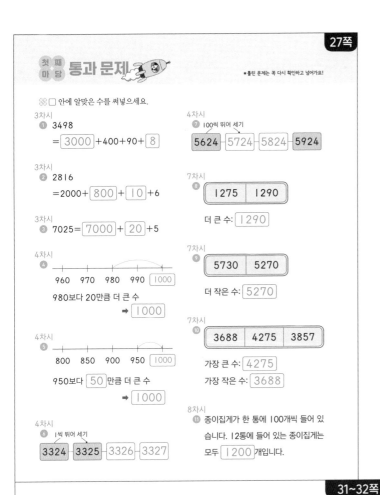

31~32쪽

09 짝수로 기억하는 2단

집중 시간 2분

그림을 보고 □ 안에 알맞은 수나 말을 써넣으세요.

2단은 가장 외우기 쉬워요! 짝수로 생각하면 돼요.

곱하는 수가 1씩 커지면 곱은 2씩 커져요.

❶	2 (+2)	2 × 1 = 2 이 일은 이
❷	2 + 2 (+2)	2 × 2 = 4 이 이 사
❸	2 + 2 + 2 (+2)	2 × 3 = 6 이 삼 육
❹	2 + 2 + 2 + 2 (+2)	2 × 4 = 8 이 사 팔
❺	(+2)	2 × 5 = 10 이 오 십
❻	(+2)	2 × 6 = 12 이 육 십이
❼	(+2)	2 × 7 = 14 이 칠 십사
❽	(+2)	2 × 8 = 16 이 팔 십육
❾		2 × 9 = 18 이 구 십팔

09 교과서 2. 곱셈구구

집중 시간 2분

곱셈을 하세요.

2단은 둘, 넷, 여섯……으로 물건을 짝을 지어 셀 때 편해요.

		십	일			십	일
❶	2 × 1 =		2	❿	2 × 9 =	1	8
❷	2 × 2 =		4	⓫	2 × 8 =	1	6
❸	2 × 3 =		6	⓬	2 × 7 =	1	4
❹	2 × 4 =		8	⓭	2 × 6 =	1	2
❺	2 × 5 =	1	0	⓮	2 × 5 =	1	0
❻	2 × 6 =	1	2	⓯	2 × 4 =		8
❼	2 × 7 =	1	4	⓰	2 × 3 =		6
❽	2 × 8 =	1	6	⓱	2 × 2 =		4
❾	2 × 9 =	1	8	⓲	2 × 1 =		2

덧셈식으로 나타내면 2+2+2

33~34쪽

10 '5분, 10분, 15분' 시계 분침으로 외우는 5단

집중 시간 2분

※ 그림을 보고 □ 안에 알맞은 수나 말을 써넣으세요.

5단은 시계의 분침을 생각하면 쉬워요. 5분, 10분, 15분, 20분……

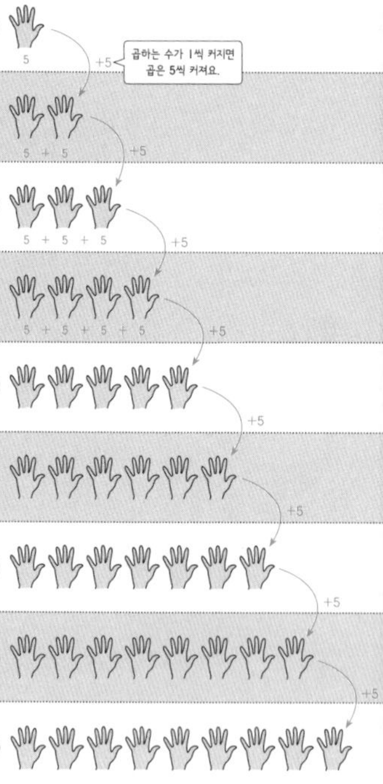

곱하는 수가 1씩 커지면 곱은 5씩 커져요.
+5
5 + 5
5 + 5 + 5
5 + 5 + 5 + 5

❶ 5 × 1 = [5] / 오 일은 오

❷ 5 × 2 = [10] / 오 이 십

❸ 5 × 3 = [15] / 오 삼 십오

❹ 5 × [4] = [20] / 오 사 이십

❺ 5 × [5] = [25] / 오 오 [이십오]

❻ 5 × [6] = [30] / 오 육 [삼십]

❼ 5 × [7] = [35] / 오 칠 [삼십오]

❽ [5] × [8] = [40] / 오 팔 [사십]

❾ [5] × [9] = [45] / 오 구 [사십오]

10 교과서 2. 곱셈구구

집중 시간 2분

※ 곱셈을 하세요.

번호	식	십	일	번호	식	십	일
❶	5 × 1 =		5	❿	5 × 9 =	4	5
❷	5 × 2 =	1	0	⓫	5 × 8 =	4	0
❸	5 × 3 =	1	5	⓬	5 × 7 =	3	5
❹	5 × 4 =	2	0	⓭	5 × 6 =	3	0
❺	5 × 5 =	2	5	⓮	5 × 5 =	2	5
❻	5 × 6 =	3	0	⓯	5 × 4 =	2	0
❼	5 × 7 =	3	5	⓰	5 × 3 =	1	5
❽	5 × 8 =	4	0	⓱	5 × 2 =	1	0
❾	5 × 9 =	4	5	⓲	5 × 1 =		5

덧셈식으로 나타내면 5+5+5

꿀팁! 곱의 일의 자리에서 5와 0이 반복돼요.

35~36쪽

11 2단, 5단 읽고 쓰기

집중 시간 3분

'이 일은 이'처럼 '곱하기'를 빼고 외우면 편해요!

※ 2단을 바르게 읽고, 써 보세요.

	읽기	쓰기
❶ 2 × 1 = [2]	이 일은 [이]	2 × 1 = 2
❷ 2 × 2 = [4]	이 이 [사]	2 × 2 = 4
❸ 2 × 3 = [6]	이 삼 [육]	2 × 3 = 6
❹ 2 × [4] = 8	이 [사] 팔	2 × 4 = 8
❺ 2 × [5] = 10	이 [오] 십	2 × 5 = 10
❻ 2 × [6] = 12	[이] 육 [십이]	2 × 6 = 12
❼ 2 × [7] = 14	[이] 칠 [십사]	2 × 7 = 14
❽ 2 × [8] = 16	[이] 팔 [십육]	2 × 8 = 16
❾ 2 × [9] = 18	[이 구 십팔]	2 × 9 = 18

11 교과서 2. 곱셈구구

집중 시간 3분

※ 5단을 바르게 읽고, 써 보세요.

	읽기	쓰기
❶ 5 × 1 = [5]	오 일은 [오]	5 × 1 = 5
❷ 5 × 2 = [10]	오 이 [십]	5 × 2 = 10
❸ 5 × 3 = [15]	오 삼 [십오]	5 × 3 = 15
❹ 5 × [4] = 20	오 [사] 이십	5 × 4 = 20
❺ 5 × [5] = 25	오 [오] 이십오	5 × 5 = 25
❻ 5 × [6] = 30	[오] 육 삼십	5 × 6 = 30
❼ 5 × [7] = 35	[오] 칠 [삼십오]	5 × 7 = 35
❽ 5 × [8] = 40	[오] 팔 [사십]	5 × 8 = 40
❾ 5 × [9] = 45	[오 구 사십오]	5 × 9 = 45

37~38쪽

12 2단, 5단 곱셈구구 집중 연습

집중 시간 2분

곱셈을 하세요.

① $2\times2=4$
'이 이 사' 소리 내어 외우며 푸세요~

② $2\times5=10$

③ $2\times1=2$

④ $2\times6=12$

⑤ $2\times7=14$

⑥ $2\times3=6$

⑦ $2\times9=18$

⑧ $2\times8=16$

⑨ $2\times4=8$
2×4는 2+2+2+2와 같아요.

⑩ $2\times6=12$

⑪ $2\times2=4$

⑫ $2\times5=10$

⑬ $2\times3=6$

⑭ $2\times9=18$

⑮ $2\times8=16$

⑯ $2\times7=14$

12 교과서 2. 곱셈구구

집중 시간 2분

곱셈을 하세요.

① $5\times2=10$
'오 이 십' 소리 내어 외워 보세요.

② $5\times4=20$

③ $5\times8=40$

④ $5\times5=25$

⑤ $5\times6=30$

⑥ $5\times3=15$

⑦ $5\times7=35$

⑧ $5\times1=5$

⑨ $5\times9=45$
5×9는 5를 9번 더한 것과 같아요.

⑩ $5\times3=15$

⑪ $5\times8=40$

⑫ $5\times7=35$

⑬ $5\times4=20$

⑭ $5\times5=25$

⑮ $5\times6=30$

⑯ $5\times9=45$

39~40쪽

13 2단, 5단 섞어 풀며 완벽하게 익히기

집중 시간 2분

곱셈을 하세요.

① $5\times3=15$

② $2\times2=4$

③ $5\times1=5$

④ $2\times3=6$

⑤ $5\times4=20$

⑥ $2\times5=10$

⑦ $2\times1=2$

⑧ $5\times2=10$

⑨ $2\times4=8$

⑩ $5\times5=25$

⑪ $2\times9=18$

⑫ $2\times6=12$

⑬ $5\times9=45$

* 2단, 5단 곱셈구구에서 일의 자리 숫자의 규칙

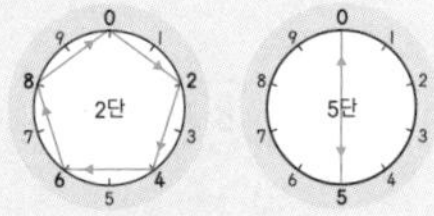

• 2단: 일의 자리 숫자가 2−4−6−8−0 순서로 반복돼요.
• 5단: 일의 자리 숫자가 5−0 순서로 반복돼요.

13 교과서 2. 곱셈구구

집중 시간 2분

곱셈을 하세요.

① $2\times5=10$

② $2\times4=8$

③ $5\times3=15$

④ $2\times6=12$

⑤ $5\times5=25$

⑥ $5\times8=40$

⑦ $2\times3=6$

⑧ $5\times2=10$

앗! 실수

⑨ $2\times7=14$

⑩ $5\times7=35$

⑪ $2\times9=18$

⑫ $5\times9=45$

⑬ $2\times8=16$

⑭ $5\times6=30$

41~42쪽

14 '3·6·9' 게임으로 외우는 3단

집중 시간 2분

※ 그림을 보고 □ 안에 알맞은 수나 말을 써넣으세요.

곱하는 수가 1씩 커지면 곱은 3씩 커져요.

❶	3	3 × 1 = 3 삼 일은 삼
❷	3 + 3 (+3)	3 × 2 = 6 삼 이 육
❸	3 + 3 + 3 (+3)	3 × 3 = 9 삼 삼 구
❹	3 + 3 + 3 + 3 (+3)	3 × 4 = 12 삼 사 십이
❺	(+3)	3 × 5 = 15 삼 오 십오
❻	(+3)	3 × 6 = 18 삼 육 십팔
❼	(+3)	3 × 7 = 21 삼 칠 이십일
❽	(+3)	3 × 8 = 24 삼 팔 이십사
❾	(+3)	3 × 9 = 27 삼 구 이십칠

14 교과서 2. 곱셈구구

집중 시간 2분

※ 곱셈을 하세요.

'3·6·9' 게임으로 외워 볼까요?
일, 이, 짝!, 사, 오, 짝!, 칠, 팔, 짝!……

3·6·9

	십	일			십	일
❶ 3 × 1 =		3	❿ 3 × 9 =		2	7
❷ 3 × 2 =		6	⓫ 3 × 8 =		2	4
❸ 3 × 3 =		9	⓬ 3 × 7 =		2	1
❹ 3 × 4 =	1	2	⓭ 3 × 6 =		1	8
❺ 3 × 5 =	1	5	⓮ 3 × 5 =		1	5
❻ 3 × 6 =	1	8	⓯ 3 × 4 =		1	2
❼ 3 × 7 =	2	1	⓰ 3 × 3 =			9
❽ 3 × 8 =	2	4	⓱ 3 × 2 =			6
❾ 3 × 9 =	2	7	⓲ 3 × 1 =			3

3×9는 3을 9번 더한 것과 같아요.

43~44쪽

15 3단의 짝수 번째 곱인 6단

집중 시간 2분

※ 그림을 보고 □ 안에 알맞은 수나 말을 써넣으세요.

6단은 친구들이 어려워하는 곱셈구구예요. 큰 소리로 소리 내어 외워 봐요.

곱하는 수가 1씩 커지면 곱은 6씩 커져요.

❶	6	6 × 1 = 6 육 일은 육
❷	6 + 6 (+6)	6 × 2 = 12 육 이 십이
❸	6 + 6 + 6 (+6)	6 × 3 = 18 육 삼 십팔
❹	6 + 6 + 6 + 6 (+6)	6 × 4 = 24 육 사 이십사
❺	(+6)	6 × 5 = 30 육 오 삼십
❻	(+6)	6 × 6 = 36 육 육 삼십육
❼	(+6)	6 × 7 = 42 육 칠 사십이
❽	(+6)	6 × 8 = 48 육 팔 사십팔
❾	(+6)	6 × 9 = 54 육 구 오십사

15 교과서 2. 곱셈구구

집중 시간 2분

※ 곱셈을 하세요.

6단은 3단의 짝수 번째 곱을 떠올려 봐요!
3, 6, 9, 12, 15, 18, 21, 24, 27

	십	일		십	일
❶ 6 × 1 =		6	❿ 6 × 9 =	5	4
❷ 6 × 2 =	1	2	⓫ 6 × 8 =	4	8
❸ 6 × 3 =	1	8	⓬ 6 × 7 =	4	2
❹ 6 × 4 =	2	4	⓭ 6 × 6 =	3	6
❺ 6 × 5 =	3	0	⓮ 6 × 5 =	3	0
❻ 6 × 6 =	3	6	⓯ 6 × 4 =	2	4
❼ 6 × 7 =	4	2	⓰ 6 × 3 =	1	8
❽ 6 × 8 =	4	8	⓱ 6 × 2 =	1	2
❾ 6 × 9 =	5	4	⓲ 6 × 1 =		6

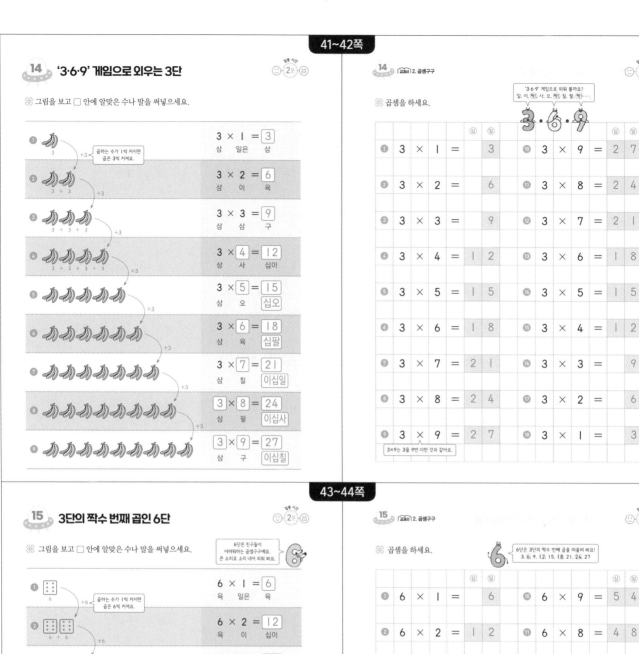

45~46쪽

16 3단, 6단 읽고 쓰기

집중 시간 3분

※ 3단을 바르게 읽고, 써 보세요.

		읽기	쓰기
❶	3× 1 = [3]	삼 일은 [삼]	3×1=3
❷	3× 2 = [6]	삼 이 [육]	3×2=6
❸	3× 3 = [9]	삼 삼 [구]	3×3=9
❹	3×[4]=12	삼 [사] 십이	3×4=12
❺	3×[5]=15	삼 [오] 십오	3×5=15
❻	3×[6]=18	[삼] 육 [십팔]	3×6=18
❼	3×[7]=21	[삼] 칠 [이십일]	3×7=21
❽	3×[8]=24	[삼] 팔 [이십사]	3×8=24
❾	3×[9]=27	[삼 구 이십칠]	3×9=27

16 교과서 2. 곱셈구구

집중 시간 3분

※ 6단을 바르게 읽고, 써 보세요.

		읽기	쓰기
❶	6× 1 = [6]	육 일은 [육]	6×1=6
❷	6× 2 = [12]	육 이 [십이]	6×2=12
❸	6× 3 = [18]	육 삼 [십팔]	6×3=18
❹	6×[4]=24	육 [사] 이십사	6×4=24
❺	6×[5]=30	육 [오] 삼십	6×5=30
❻	6×[6]=36	[육] 육 [삼십육]	6×6=36
❼	6×[7]=42	[육] 칠 [사십이]	6×7=42
❽	6×[8]=48	[육] 팔 [사십팔]	6×8=48
❾	6×[9]=54	[육 구 오십사]	6×9=54

47~48쪽

17 3단, 6단 곱셈구구 집중 연습

집중 시간 2분

※ 곱셈을 하세요.

❶ 3×2=6

'삼 이 육' 소리 내어 외우며 푸세요~

❷ 3×5=15

❸ 3×7=21

❹ 3×1=3

❺ 3×3=9

❻ 3×8=24

❼ 3×4=12

❽ 3×9=27

❾ 3×6=18

❿ 3×8=24

⓫ 3×2=6

⓬ 3×4=12

⓭ 3×9=27

⓮ 3×5=15

⓯ 3×7=21

헷갈리는 것만 ☆ 표시를 하고
큰 소리로 읽어 봐요!

17 교과서 2. 곱셈구구

집중 시간 2분

※ 곱셈을 하세요.

❶ 6×6=36

'육 육 삼십육' 소리 내어 외우며 푸세요~

❷ 6×2=12

❸ 6×5=30

❹ 6×8=48

❺ 6×7=42

❻ 6×1=6

❼ 6×3=18

❽ 6×9=54

❾ 6×3=18

❿ 6×4=24

⓫ 6×7=42

⓬ 6×2=12

⓭ 6×9=54

⓮ 6×6=36

⓯ 6×5=30

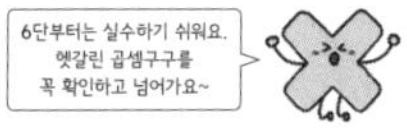
6단부터는 실수하기 쉬워요.
헷갈린 곱셈구구를
꼭 확인하고 넘어가요~

49~50쪽

18 3단, 6단 섞어 풀며 완벽하게 익히기

집중 시간 2분

※ 곱셈을 하세요.

① 3×3=9
② 3×6=18
③ 6×2=12
④ 6×5=30
⑤ 3×2=6
⑥ 6×3=18
⑦ 3×7=21
⑧ 6×1=6
⑨ 6×9=54
⑩ 3×8=24
⑪ 6×8=48
⑫ 3×5=15
⑬ 6×4=24
⑭ 3×9=27
⑮ 6×6=36
⑯ 3×4=12

18 교과서 2. 곱셈구구

집중 시간 2분

※ 곱셈을 하세요.

① 3×5=15
② 3×3=9
③ 6×6=36
④ 3×6=18
⑤ 6×4=24
⑥ 6×5=30
⑦ 3×4=12
⑧ 6×3=18

앗! 실수

⑨ 3×8=24
⑩ 6×7=42
⑪ 6×9=54
⑫ 3×7=21
⑬ 3×9=27
⑭ 6×8=48

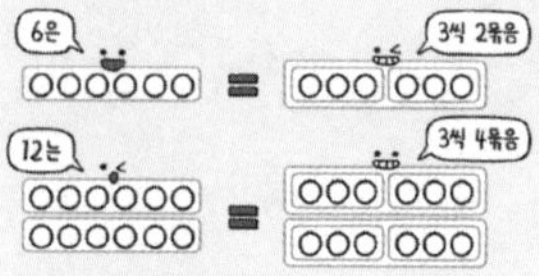

6단 곱셈구구는 3단 곱셈구구로 계산할 수도 있어요.

51~52쪽

19 도전! 2단, 3단, 5단, 6단 섞어 풀기

집중 시간 3분

※ 곱셈을 하세요.

여기까지 오다니 정말 수고했어요! 지금까지 배운 곱셈구구를 섞어서 풀어 봐요~

① 2×6=12
② 5×7=35
③ 6×4=24
④ 3×8=24
⑤ 2×8=16
⑥ 5×3=15
⑦ 3×9=27
⑧ 6×7=42
⑨ 3×4=12
⑩ 2×9=18
⑪ 5×8=40
⑫ 6×9=54
⑬ 2×7=14
⑭ 6×6=36
⑮ 5×9=45
⑯ 6×8=48

19 교과서 2. 곱셈구구

집중 시간 3분

※ 가운데 수와 바깥 수를 곱하여 빈 곳에 알맞은 수를 써넣으세요.

①
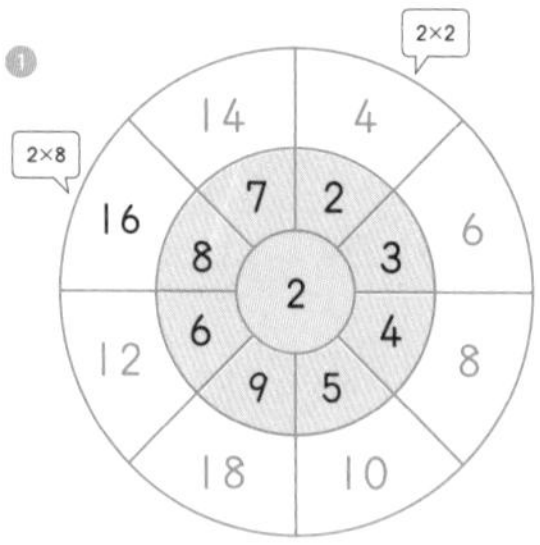

③
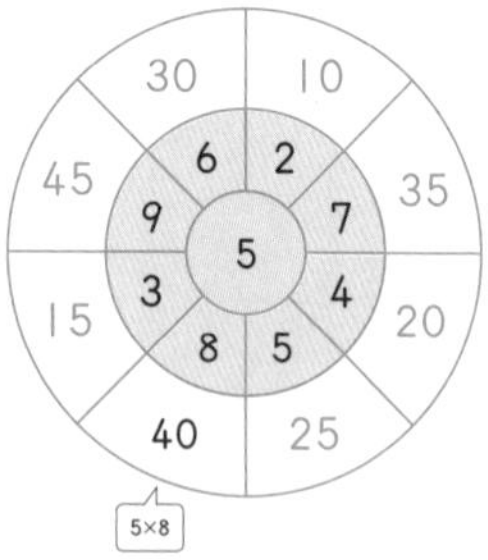

가운데 수에 바깥 수를 차례대로 곱해 봐요!

②
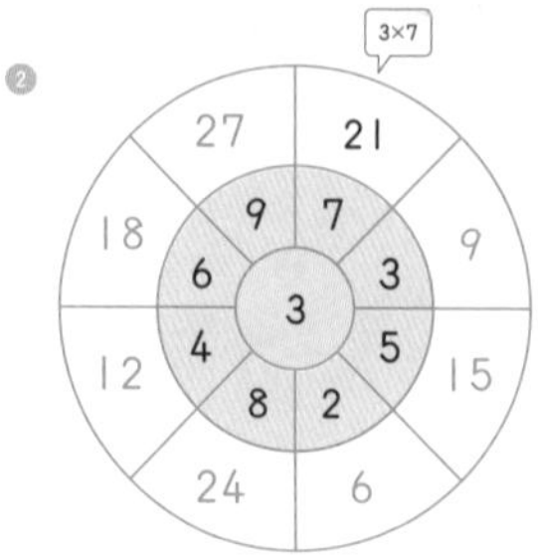

④
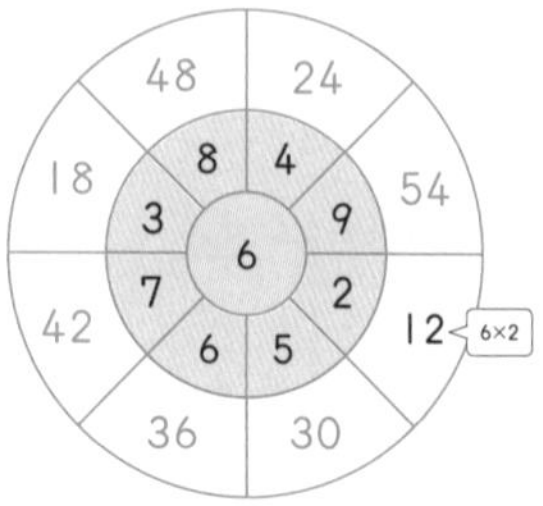

53~54쪽

20 2단, 3단, 5단, 6단을 찾아라!

집중 시간 4분

※ 2단과 3단 곱셈구구의 값을 찾아 선으로 이어 보세요.

① 2단

순서대로 찾지 않아도 돼요. 2단 곱셈구구의 값만 찾아보세요~

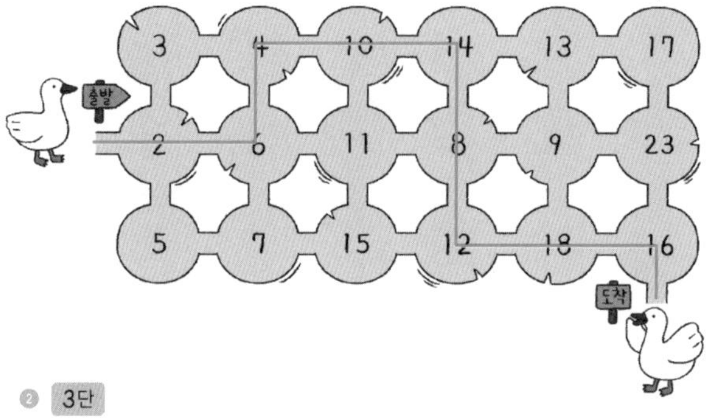

② 3단

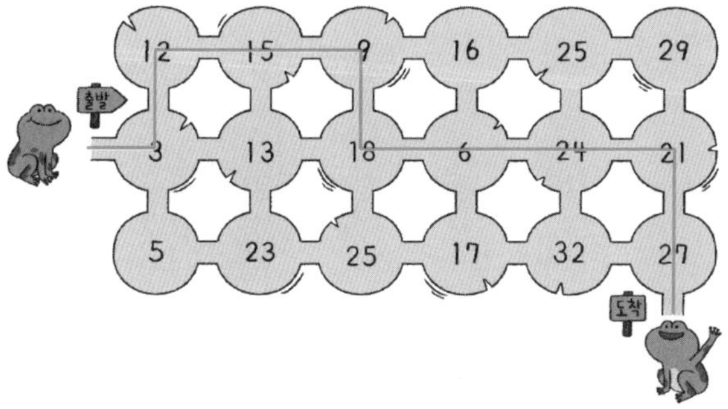

20 교과서 2. 곱셈구구

집중 시간 4분

※ 5단과 6단 곱셈구구의 값을 찾아 선으로 이어 보세요.

① 5단 — 5단 곱셈구구의 값은 5, 10, 15…….

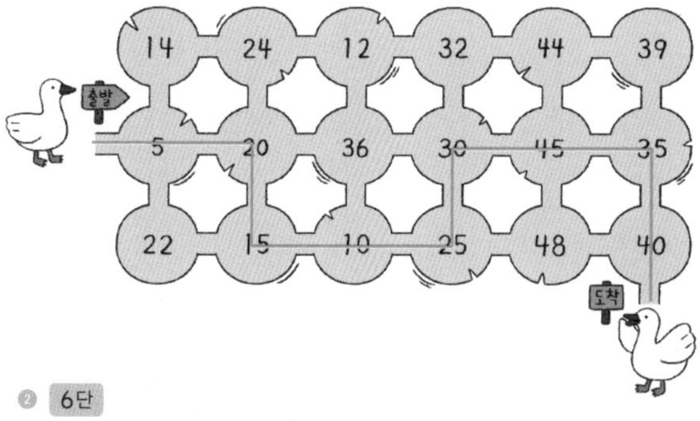

② 6단

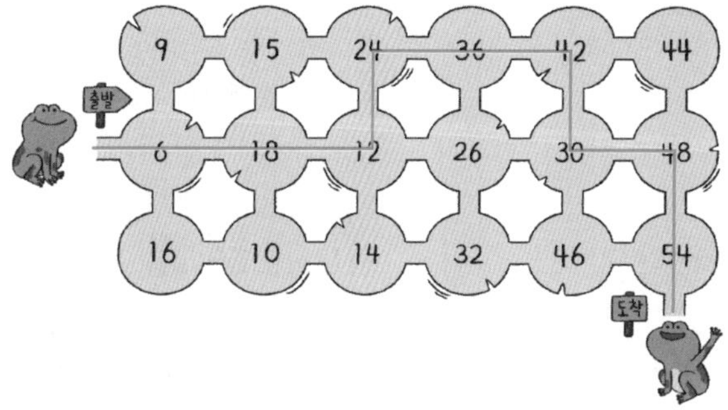

55~56쪽

21 생활 속 연산 - 곱셈구구(1)

집중 시간 3분

※ 그림을 보고 □ 안에 알맞은 수를 써넣으세요.

①

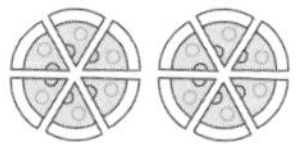

6×2=12

6조각으로 자른 피자가 2판 있습니다.

피자는 모두 12조각입니다.

②

2×7=14

젓가락 한 쌍은 2짝입니다.

젓가락 7쌍은 모두 14짝입니다.

③

3×5=15

날개가 3개씩 달린 선풍기가 5대 있습니다.

선풍기의 날개는 모두 15개입니다.

④

5×6=30

5개씩 묶여 있는 풍선이 6묶음 있습니다.

풍선은 모두 30개입니다.

21 꿀떡! 연산 간식

집중 시간 3분

※ 통 안에 든 사탕과 같은 값이 적힌 동전을 넣으면 사탕이 나옵니다. 동전을 넣어 사탕을 모두 꺼낸 다음 남아 있는 동전에 ◯표 하세요.

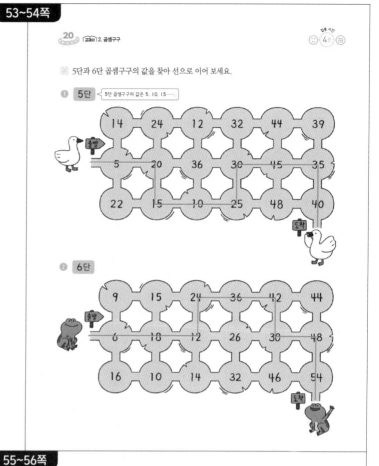

57쪽

둘째 마당 통과 문제

*틀린 문제는 꼭 다시 확인하고 넘어가요!

※ □ 안에 알맞은 수를 써넣으세요.

14차시
❶ 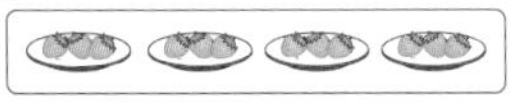

딸기의 수: 3×[4]=[12]

10차시
❷ 

손가락 개수: 5×[3]=[15]

15차시
❸ 6×4=[24]

14차시
❹ 3×8=[24]

9차시
❺ 2×9=[18]

10차시
❻ 5×7=[35]

10차시
❼ 5×9=[45]

15차시
❽ 6×7=[42]

14차시
❾ 3×9=[27]

15차시
❿ 6×9=[54]

21차시
⓫ 

양말 1쌍은 2짝입니다. 양말 3쌍은 모두 [6]짝입니다.

21차시
⓬ 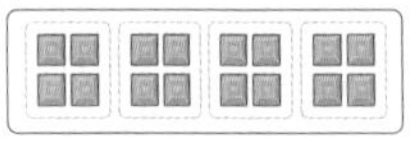

초콜렛은 한 묶음에 4개입니다. 초콜렛은 모두 [16]개입니다.

둘째 마당 정복!
셋째 마당으로 가 보자고

61~62쪽

22 2단의 짝수 번째 곱인 4단

집중 시간 2분

※ 그림을 보고 □ 안에 알맞은 수나 말을 써넣으세요.

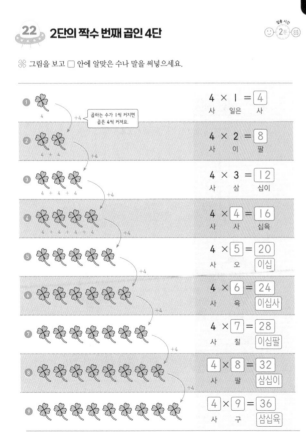

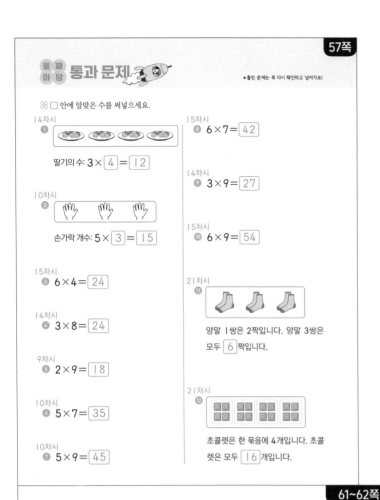

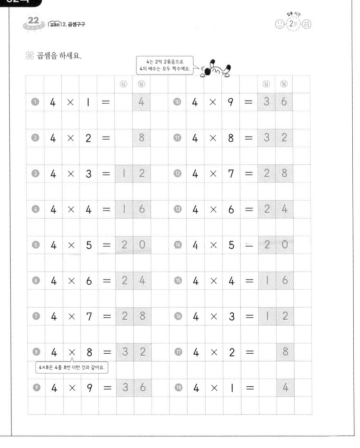

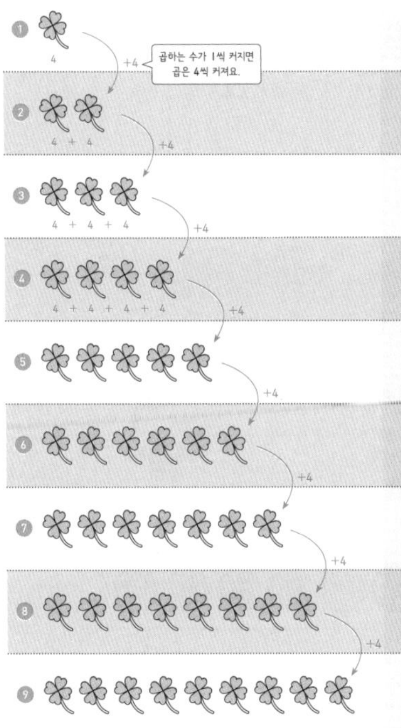
곱하는 수가 1씩 커지면 곱은 4씩 커져요.

❶	4 × 1 = [4]	사 일은 사
❷	4 × 2 = [8]	사 이 팔
❸	4 × 3 = [12]	사 삼 십이
❹	4 × [4] = [16]	사 사 십육
❺	4 × [5] = [20]	사 오 [이십]
❻	4 × [6] = [24]	사 육 [이십사]
❼	4 × [7] = [28]	사 칠 [이십팔]
❽	[4] × [8] = [32]	사 팔 [삼십이]
❾	[4] × [9] = [36]	사 구 [삼십육]

22 교과서 2. 곱셈구구

집중 시간 2분

※ 곱셈을 하세요.

4는 2씩 2묶음으로 4의 배수는 모두 짝수예요.

					십	일						십	일
❶	4	×	1	=		4	❿	4	×	9	=	3	6
❷	4	×	2	=		8	⓫	4	×	8	=	3	2
❸	4	×	3	=	1	2	⓬	4	×	7	=	2	8
❹	4	×	4	=	1	6	⓭	4	×	6	=	2	4
❺	4	×	5	=	2	0	⓮	4	×	5	=	2	0
❻	4	×	6	=	2	4	⓯	4	×	4	=	1	6
❼	4	×	7	=	2	8	⓰	4	×	3	=	1	2
❽	4	×	8	=	3	2	⓱	4	×	2	=		8
❾	4	×	9	=	3	6	⓲	4	×	1	=		4

4×8은 4를 8번 더한 것과 같아요.

63~64쪽

23 4단의 짝수 번째 곱인 8단

집중 시간 2분

※ 그림을 보고 □ 안에 알맞은 수나 말을 써넣으세요.

8단은 친구들이 어려워하는 곱셈구구예요. 큰 소리로 소리 내며 익혀 봐요.

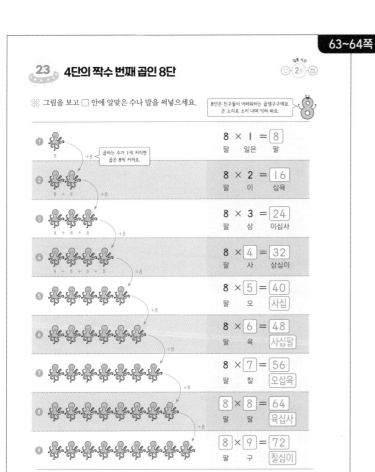

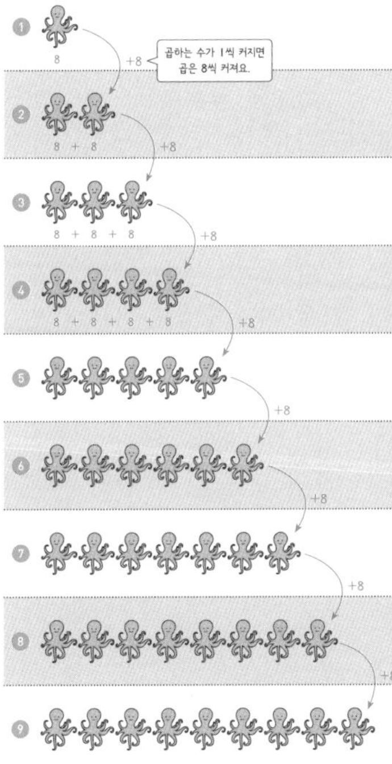

8
+8
곱하는 수가 1씩 커지면 곱은 8씩 커져요.
8 + 8
8 + 8 + 8
8 + 8 + 8 + 8

❶ 8 × 1 = [8]
팔 일은 팔

❷ 8 × 2 = [16]
팔 이 십육

❸ 8 × 3 = [24]
팔 삼 이십사

❹ 8 × [4] = [32]
팔 사 삼십이

❺ 8 × [5] = [40]
팔 오 [사십]

❻ 8 × [6] = [48]
팔 육 [사십팔]

❼ 8 × [7] = [56]
팔 칠 [오십육]

❽ [8] × [8] = [64]
팔 팔 [육십사]

❾ [8] × [9] = [72]
팔 구 [칠십이]

23 교과서 2. 곱셈구구

집중 시간 2분

※ 곱셈을 하세요.

4단의 짝수 번째 곱을 떠올리세요! 4, 8, 12, 16, 20, 24, 28, 32, 36 ……

	십	일		십	일
❶ 8 × 1 =		8	❿ 8 × 9 =	7	2
❷ 8 × 2 =	1	6	⓫ 8 × 8 =	6	4
❸ 8 × 3 =	2	4	⓬ 8 × 7 =	5	6
❹ 8 × 4 =	3	2	⓭ 8 × 6 =	4	8
❺ 8 × 5 =	4	0	⓮ 8 × 5 =	4	0
❻ 8 × 6 =	4	8	⓯ 8 × 4 =	3	2
❼ 8 × 7 =	5	6	⓰ 8 × 3 =	2	4
❽ 8 × 8 =	6	4	⓱ 8 × 2 =	1	6
❾ 8 × 9 =	7	2	⓲ 8 × 1 =		8

덧셈식으로 나타내면 8+8!

65~66쪽

24 4단, 8단 읽고 쓰기

집중 시간 3분

※ 4단을 바르게 읽고, 써 보세요.

	읽기	쓰기
❶ 4 × 1 = [4]	사 일은 [사]	4 × 1 = 4
❷ 4 × 2 = [8]	사 이 [팔]	4 × 2 = 8
❸ 4 × 3 = [12]	사 삼 [십이]	4 × 3 = 12
❹ 4 × [4] = 16	사 [사] 십육	4 × 4 = 16
❺ 4 × [5] = 20	사 [오] 이십	4 × 5 = 20
❻ 4 × [6] = 24	[사] 육 [이십사]	4 × 6 = 24
❼ 4 × [7] = 28	[사] 칠 [이십팔]	4 × 7 = 28
❽ 4 × [8] = 32	[사] 팔 [삼십이]	4 × 8 = 32
❾ 4 × [9] = 36	[사 구 삼십육]	4 × 9 = 36

24 교과서 2. 곱셈구구

집중 시간 3분

※ 8단을 바르게 읽고, 써 보세요.

	읽기	쓰기
❶ 8 × 1 = [8]	팔 일은 [팔]	8 × 1 = 8
❷ 8 × 2 = [16]	팔 이 [십육]	8 × 2 = 16
❸ 8 × 3 = [24]	팔 삼 [이십사]	8 × 3 = 24
❹ 8 × [4] = 32	팔 [사] 삼십이	8 × 4 = 32
❺ 8 × [5] = 40	팔 [오] 사십	8 × 5 = 40
❻ 8 × [6] = 48	[팔] 육 [사십팔]	8 × 6 = 48
❼ 8 × [7] = 56	[팔] 칠 [오십육]	8 × 7 = 56
❽ 8 × [8] = 64	[팔] 팔 [육십사]	8 × 8 = 64
❾ 8 × [9] = 72	[팔 구 칠십이]	8 × 9 = 72

67~68쪽

25 4단, 8단 곱셈구구 집중 연습

집중 시간 2분

곱셈을 하세요.

1. 4×4=16
   '사 사 십육' 소리 내어 외우며 풀면 쉬워요.
2. 4×5=20
3. 4×1=4
4. 4×7=28
5. 4×3=12
6. 4×8=32
7. 4×6=24
8. 4×9=36
9. 4×7=28
10. 4×3=12
11. 4×6=24
12. 4×4=16
13. 4×5=20
14. 4×2=8
15. 4×9=36

4단 곱셈구구에서 곱하는 수가 1씩 커지면 곱은 4씩 커져요.

25 교과서 2. 곱셈구구

집중 시간 2분

곱셈을 하세요.

1. 8×6=48
   '팔 육 사십팔' 소리 내어 외우며 풀어 봐요.
2. 8×3=24
3. 8×4=32
4. 8×5=40
5. 8×2=16
6. 8×8=64
7. 8×9=72
8. 8×7=56
9. 8×4=32
10. 8×1=8
11. 8×3=24
12. 8×6=48
13. 8×7=56
14. 8×5=40
15. 8×8=64
16. 8×9=72

69~70쪽

26 4단, 8단 섞어 풀며 완벽하게 익히기

집중 시간 2분

곱셈을 하세요.

1. 8×5=40
2. 4×4=16
3. 4×5=20
4. 4×9=36
5. 8×7=56
6. 8×3=24
7. 4×2=8
8. 8×6=48
9. 4×3=12
10. 8×4=32
11. 4×8=32
12. 8×9=72
13. 4×6=24

* 4단, 8단 곱셈구구에서 일의 자리 숫자의 규칙

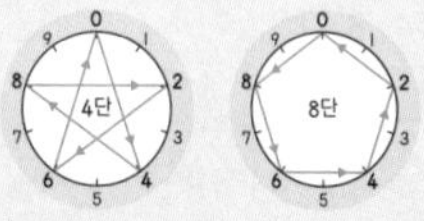

- 4단: 일의 자리 숫자가 4−8−2−6−0 순서로 반복돼요.
- 8단: 일의 자리 숫자가 8−6−4−2−0 순서로 반복돼요.
- 4단과 8단 곱셈구구의 일의 자리 숫자는 모두 짝수예요.

26 교과서 2. 곱셈구구

집중 시간 2분

곱셈을 하세요.

1. 4×2=8
2. 8×4=32
3. 8×2=16
4. 4×3=12
5. 8×5=40
6. 4×6=24
7. 4×4=16
8. 8×3=24

앗! 실수

9. 8×8=64
10. 4×9=36
11. 8×9=72
12. 4×7=28
13. 8×6=48
14. 4×8=32
15. 8×7=56

4단과 8단을 섞어서 풀어도 답이 바로 튀어나올 만큼 익숙해져야 해요!

71~72쪽

27 7단은 7을 하나씩 더해 가며 외우자

집중 시간 2분

그림을 보고 □ 안에 알맞은 수나 말을 써넣으세요.

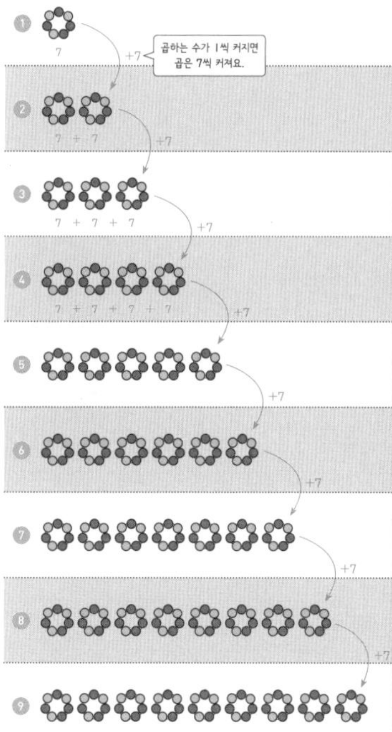

+7
곱하는 수가 1씩 커지면 곱은 7씩 커져요.
7 + 7
7 + 7 + 7
7 + 7 + 7 + 7

① 7 × 1 = 7 (칠 일은 칠)
② 7 × 2 = 14 (칠 이 십사)
③ 7 × 3 = 21 (칠 삼 이십일)
④ 7 × 4 = 28 (칠 사 이십팔)
⑤ 7 × 5 = 35 (칠 오 삼십오)
⑥ 7 × 6 = 42 (칠 육 사십이)
⑦ 7 × 7 = 49 (칠 칠 사십구)
⑧ 7 × 8 = 56 (칠 팔 오십육)
⑨ 7 × 9 = 63 (칠 구 육십삼)

27 교과서 2. 곱셈구구

집중 시간 2분

곱셈을 하세요.

7단이 헷갈리면 덧셈을 이용해 보세요. 7+7은? 14, 14에 7을 더하면? 21, 또 7을 더하면? 28, 또 7을 더하면? 35……

① 7 × 1 = 7
② 7 × 2 = 14
③ 7 × 3 = 21 (덧셈식으로 나타내면 7+7+7)
④ 7 × 4 = 28
⑤ 7 × 5 = 35
⑥ 7 × 6 = 42
⑦ 7 × 7 = 49
⑧ 7 × 8 = 56
⑨ 7 × 9 = 63
⑩ 7 × 9 = 63
⑪ 7 × 8 = 56
⑫ 7 × 7 = 49
⑬ 7 × 6 = 42
⑭ 7 × 5 = 35
⑮ 7 × 4 = 28
⑯ 7 × 3 = 21
⑰ 7 × 2 = 14
⑱ 7 × 1 = 7

73~74쪽

28 규칙을 알면 쉽게 외우는 9단

집중 시간 2분

그림을 보고 □ 안에 알맞은 수나 말을 써넣으세요.

9단은 십의 자리 숫자와 일의 자리 숫자의 합이 항상 9가 돼요.

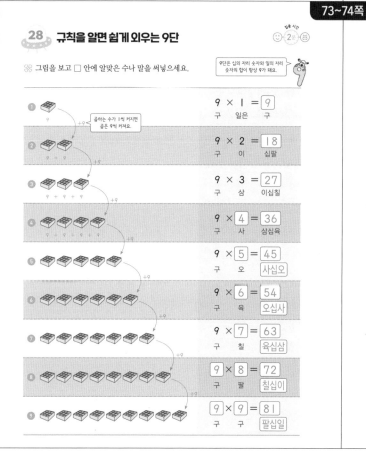

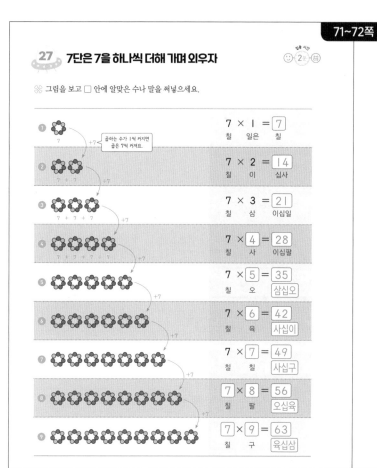

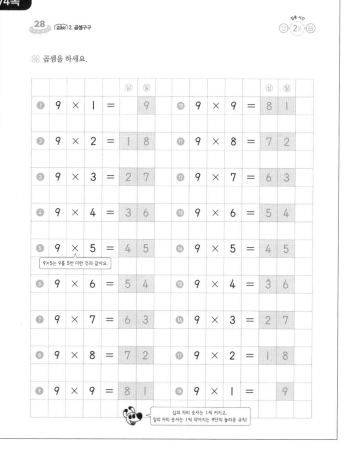

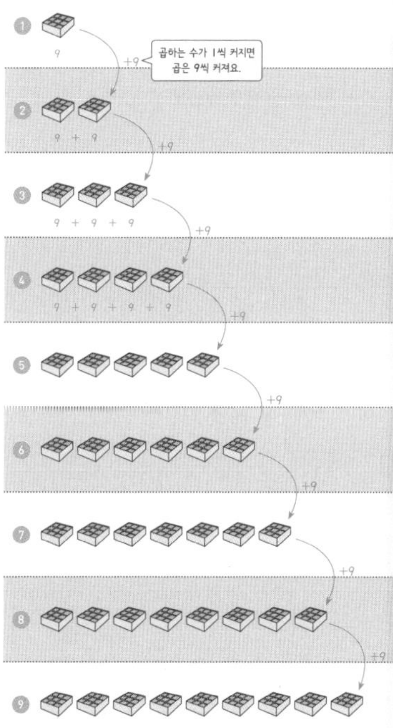

+9
곱하는 수가 1씩 커지면 곱은 9씩 커져요.
9 + 9
9 + 9 + 9
9 + 9 + 9 + 9

① 9 × 1 = 9 (구 일은 구)
② 9 × 2 = 18 (구 이 십팔)
③ 9 × 3 = 27 (구 삼 이십칠)
④ 9 × 4 = 36 (구 사 삼십육)
⑤ 9 × 5 = 45 (구 오 사십오)
⑥ 9 × 6 = 54 (구 육 오십사)
⑦ 9 × 7 = 63 (구 칠 육십삼)
⑧ 9 × 8 = 72 (구 팔 칠십이)
⑨ 9 × 9 = 81 (구 구 팔십일)

28 교과서 2. 곱셈구구

집중 시간 2분

곱셈을 하세요.

① 9 × 1 = 9
② 9 × 2 = 18
③ 9 × 3 = 27
④ 9 × 4 = 36
⑤ 9 × 5 = 45 (9×5는 9를 5번 더한 것과 같아요.)
⑥ 9 × 6 = 54
⑦ 9 × 7 = 63
⑧ 9 × 8 = 72
⑨ 9 × 9 = 81
⑩ 9 × 9 = 81
⑪ 9 × 8 = 72
⑫ 9 × 7 = 63
⑬ 9 × 6 = 54
⑭ 9 × 5 = 45
⑮ 9 × 4 = 36
⑯ 9 × 3 = 27
⑰ 9 × 2 = 18
⑱ 9 × 1 = 9

십의 자리 숫자는 1씩 커지고, 일의 자리 숫자는 1씩 작아지는 9단의 놀라운 규칙!

75~76쪽

29 7단, 9단 읽고 쓰기

집중 시간 3분

※ 7단을 바르게 읽고, 써 보세요.

		읽기	쓰기
①	7× 1 = [7]	칠 일은 [칠]	7×1=7
②	7× 2 = [14]	칠 이 [십사]	7×2=14
③	7× 3 = [21]	칠 삼 [이십일]	7×3=21
④	7×[4]=28	칠 [사] 이십팔	7×4=28
⑤	7×[5]=35	칠 [오] 삼십오	7×5=35
⑥	7×[6]=42	[칠] 육 [사십이]	7×6=42
⑦	7×[7]=49	[칠] 칠 [사십구]	7×7=49
⑧	7×[8]=56	[칠] 팔 [오십육]	7×8=56
⑨	7×[9]=63	[칠 구 육십삼]	7×9=63

29 교과서 2. 곱셈구구

집중 시간 3분

※ 9단을 바르게 읽고, 써 보세요.

		읽기	쓰기
①	9× 1 = [9]	구 일은 [구]	9×1=9
②	9× 2 = [18]	구 이 [십팔]	9×2=18
③	9× 3 = [27]	구 삼 [이십칠]	9×3=27
④	9×[4]=36	구 [사] 삼십육	9×4=36
⑤	9×[5]=45	구 [오] 사십오	9×5=45
⑥	9×[6]=54	[구] 육 [오십사]	9×6=54
⑦	9×[7]=63	[구] 칠 [육십삼]	9×7=63
⑧	9×[8]=72	[구] 팔 [칠십이]	9×8=72
⑨	9×[9]=81	[구 구 팔십일]	9×9=81

77~78쪽

30 7단, 9단 곱셈구구 집중 연습

집중 시간 2분

※ 곱셈을 하세요.

잘 외워지는 걸 반복할 필요는 없어요! 헷갈리는 것만 ☆ 표시를 해 큰 소리로 읽어 봐요!

① 7×4=28
'칠 사 이십팔' 소리 내어 외우며 푸세요~

② 7×5=35

③ 7×1=7

④ 7×7=49

⑤ 7×3=21

⑥ 7×8=56

⑦ 7×6=42

⑧ 7×9=63

⑨ 7×2=14

⑩ 7×8=56

⑪ 7×3=21

⑫ 7×6=42

⑬ 7×9=63

⑭ 7×5=35

⑮ 7×4=28

⑯ 7×7=49

30 교과서 2. 곱셈구구

집중 시간 2분

※ 곱셈을 하세요.

① 9×2=18
'구 이 십팔' 소리 내어 외우며 푸세요~

② 9×4=36

③ 9×5=45

④ 9×1=9

⑤ 9×9=81

⑥ 9×7=63

⑦ 9×6=54

⑧ 9×3=27

⑨ 9×8=72

⑩ 9×7=63

⑪ 9×6=54

⑫ 9×3=27

⑬ 9×2=18

⑭ 9×4=36

⑮ 9×5=45

⑯ 9×9=81

79~80쪽

31 7단, 9단 섞어 풀며 완벽하게 익히기

집중 시간 2분

※ 곱셈을 하세요.

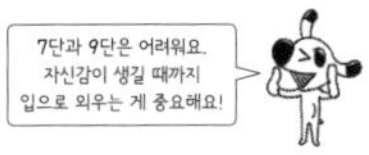

1. 7×7=49
2. 9×4=36
3. 7×2=14
4. 9×5=45
5. 9×2=18
6. 7×3=21
7. 9×8=72
8. 7×6=42
9. 7×4=28
10. 7×5=35
11. 9×3=27
12. 9×9=81
13. 7×8=56
14. 9×6=54
15. 7×9=63

31 교과서 2. 곱셈구구

집중 시간 2분

※ 곱셈을 하세요.

1. 9×4=36
2. 9×2=18
3. 7×7=49
4. 7×3=21
5. 9×9=81
6. 7×4=28
7. 9×5=45
8. 7×5=35

앗! 실수

9. 9×6=54
10. 7×6=42
11. 7×9=63
12. 9×7=63
13. 7×8=56
14. 9×8=72

81~82쪽

32 도전! 4단, 7단, 8단, 9단 섞어 풀기

집중 시간 3분

※ 곱셈을 하세요.

1. 4×7=28
2. 8×2=16
3. 7×3=21
4. 4×6=24
5. 9×4=36
6. 7×5=35
7. 8×7=56
8. 4×4=16
9. 7×6=42
10. 9×3=27
11. 7×9=63
12. 8×4=32
13. 9×5=45
14. 7×7=49
15. 4×9=36
16. 9×8=72

32 교과서 2. 곱셈구구

집중 시간 3분

※ 가운데 수와 바깥 수를 곱하여 빈 곳에 알맞은 수를 써넣으세요.

1.
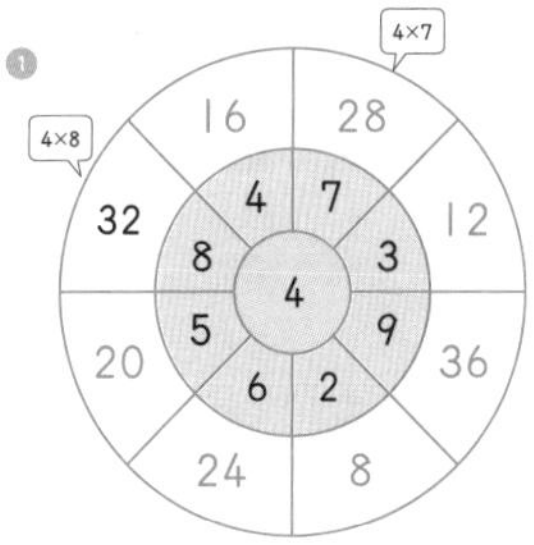

3.
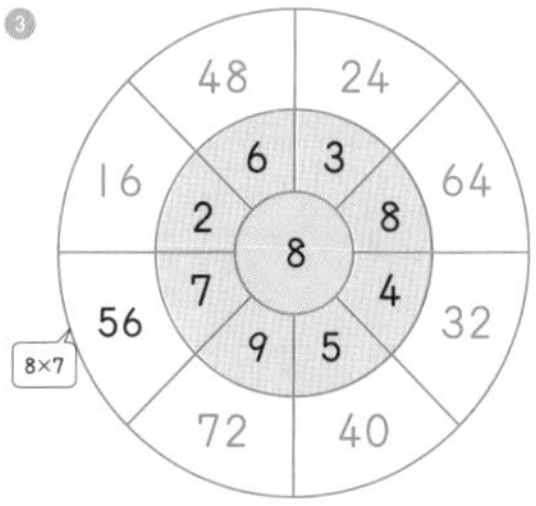

2.
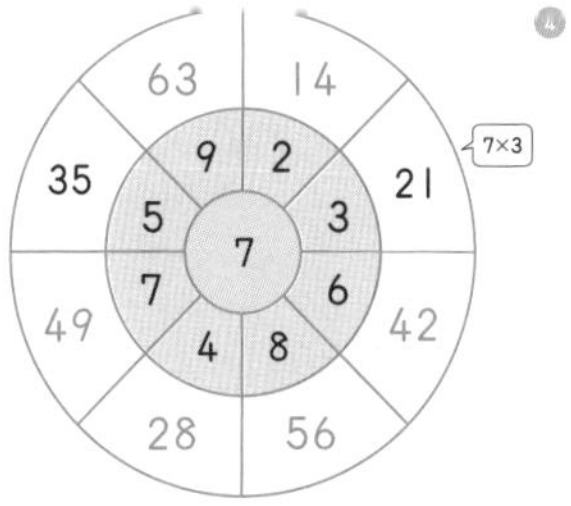

4.
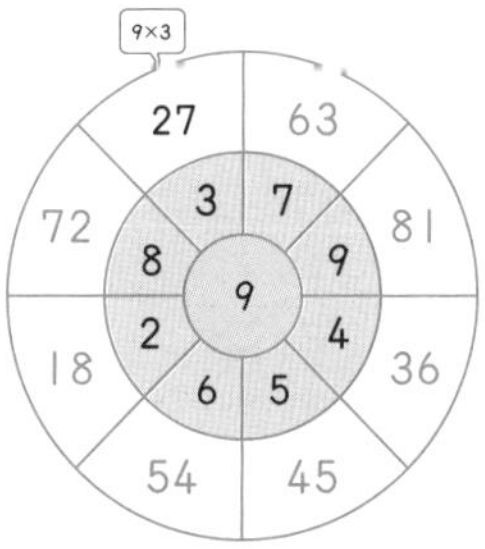

33 4단, 7단, 8단, 9단을 찾아라!

집중 시간 4분

※ 4단과 7단 곱셈구구의 값을 찾아 선으로 이어 보세요.

❶ 4단 — 4단 곱셈구구의 값은 4, 8, 12…….

순서대로 찾지 않아도 돼요. 4단 곱셈구구의 값만 찾아보세요~

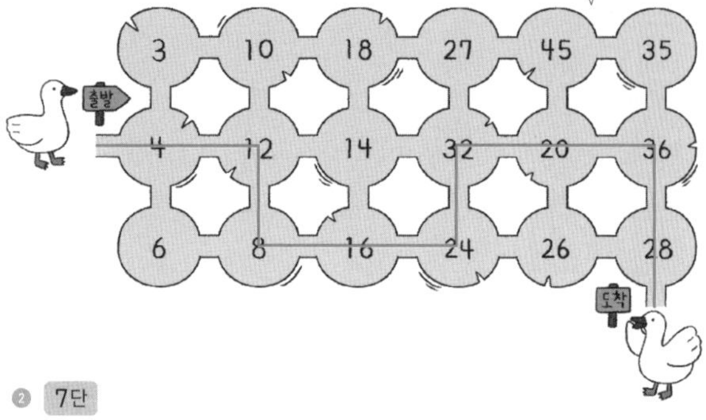

❷ 7단

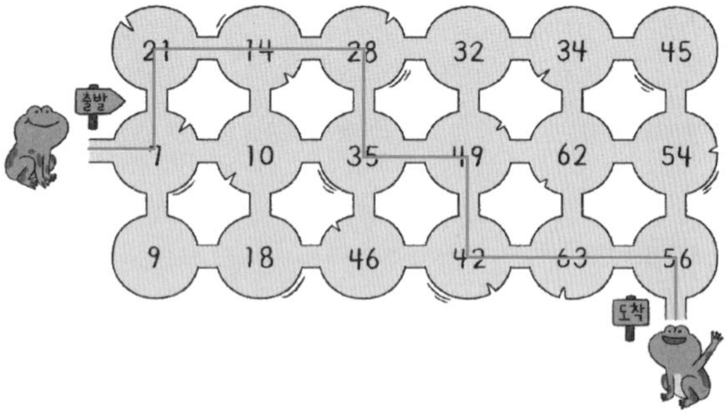

33 교과서 2. 곱셈구구

집중 시간 4분

※ 8단과 9단 곱셈구구의 값을 찾아 선으로 이어 보세요.

❶ 8단 — 8단 곱셈구구의 값은 8, 16, 24…….

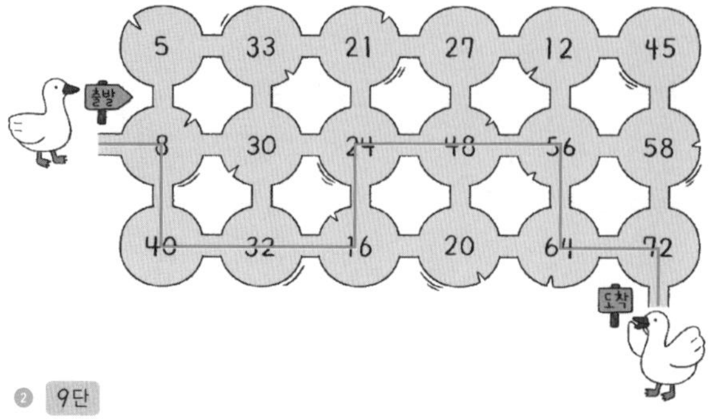

❷ 9단

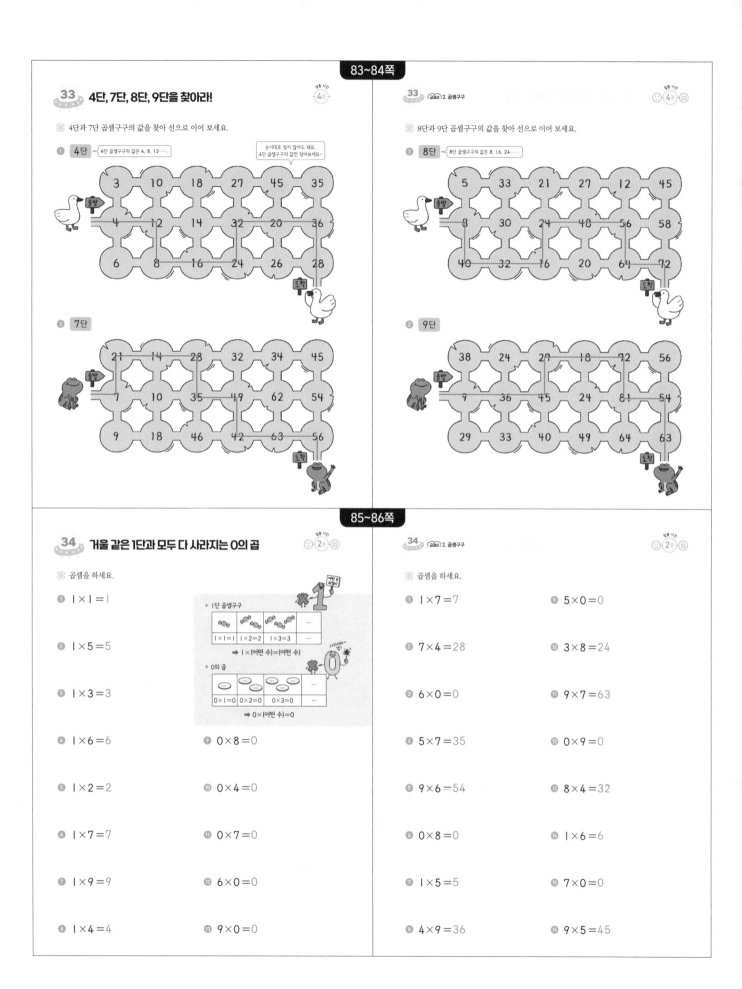

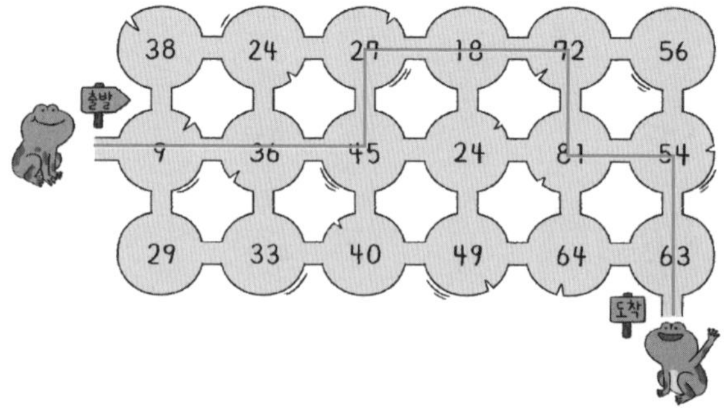

34 거울 같은 1단과 모두 다 사라지는 0의 곱

집중 시간 2분

※ 곱셈을 하세요.

❶ 1×1=1

❷ 1×5=5

❸ 1×3=3

❹ 1×6=6

❺ 1×2=2

❻ 1×7=7

❼ 1×9=9

❽ 1×4=4

* 1단 곱셈구구

1×1=1	1×2=2	1×3=3	…

➡ 1×(어떤 수)=(어떤 수)

* 0의 곱

0×1=0	0×2=0	0×3=0	…

➡ 0×(어떤 수)=0

❾ 0×8=0

❿ 0×4=0

⓫ 0×7=0

⓬ 6×0=0

⓭ 9×0=0

34 교과서 2. 곱셈구구

집중 시간 2분

※ 곱셈을 하세요.

❶ 1×7=7

❷ 7×4=28

❸ 6×0=0

❹ 5×7=35

❺ 9×6=54

❻ 0×8=0

❼ 1×5=5

❽ 4×9=36

❾ 5×0=0

❿ 3×8=24

⓫ 9×7=63

⓬ 0×9=0

⓭ 8×4=32

⓮ 1×6=6

⓯ 7×0=0

⓰ 9×5=45

35 도전! 모든 단 곱셈구구 섞어 풀기

※ 곱셈을 하세요.

① $1 \times 8 = 8$

② $3 \times 6 = 18$

③ $2 \times 7 = 14$

④ $4 \times 5 = 20$

⑤ $9 \times 1 = 9$

⑥ $7 \times 4 = 28$

⑦ $6 \times 9 = 54$

⑧ $9 \times 3 = 27$

⑨ $8 \times 1 = 8$

⑩ $6 \times 3 = 18$

⑪ $7 \times 2 = 14$

⑫ $5 \times 4 = 20$

⑬ $1 \times 9 = 9$

⑭ $4 \times 7 = 28$

⑮ $9 \times 6 = 54$

⑯ $3 \times 9 = 27$

정답 맞추는 비밀 공개!
왼쪽 문제와 오른쪽 문제의
답이 같아요~

35 교과서 2. 곱셈구구

※ 곱셈을 하세요.

① $4 \times 3 = 12$

② $2 \times 8 = 16$

③ $3 \times 7 = 21$

④ $5 \times 6 = 30$

⑤ $4 \times 8 = 32$

⑥ $6 \times 9 = 54$

⑦ $7 \times 5 = 35$

⑧ $9 \times 4 = 36$

앗! 실수

⑨ $6 \times 7 = 42$

⑩ $7 \times 8 = 56$

⑪ $9 \times 7 = 63$

⑫ $8 \times 9 = 72$

⑬ $7 \times 6 = 42$

⑭ $8 \times 7 = 56$

가장 많이 헷갈리는
곱셈식이에요.
집중해서 풀고
꼭! 기억해 둬요.

36 곱셈구구 섞어 풀며 완벽하게 익히기

※ 곱셈을 하세요.

① $4 \times 7 = 28$

② $1 \times 8 = 8$

③ $5 \times 6 = 30$

④ $8 \times 2 = 16$

⑤ $9 \times 5 = 45$

⑥ $7 \times 6 = 42$

⑦ $3 \times 8 = 24$

⑧ $6 \times 9 = 54$

⑨ $6 \times 6 = 36$

⑩ $2 \times 7 = 14$

⑪ $8 \times 0 = 0$

⑫ $3 \times 6 = 18$

⑬ $8 \times 7 = 56$

⑭ $4 \times 9 = 36$

⑮ $5 \times 3 = 15$

⑯ $9 \times 6 = 54$

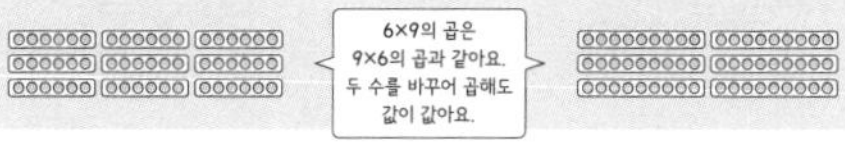

6×9의 곱은
9×6의 곱과 같아요.
두 수를 바꾸어 곱해도
같이 같아요.

36 교과서 2. 곱셈구구

※ 곱셈을 하세요.

① $3 \times 7 = 21$

② $4 \times 6 = 24$

③ $7 \times 5 = 35$

④ $2 \times 9 = 18$

⑤ $8 \times 4 = 32$

⑥ $5 \times 8 = 40$

⑦ $6 \times 3 = 18$

⑧ $9 \times 9 = 81$

앗! 실수

⑨ $6 \times 8 = 48$

⑩ $8 \times 6 = 48$

⑪ $7 \times 4 = 28$

⑫ $6 \times 9 = 54$

⑬ $7 \times 8 = 56$

⑭ $9 \times 6 = 54$

이제 곱셈구구
자신 있어요!

91~92쪽

37 곱셈표를 채워 보자

집중 시간 3분

곱셈표를 완성해 보세요.

❶ (곱하는 수 / 곱해지는 수)

×	1	4	2	7	5	6	9	8	3
2	2	8	4	14	10	12	18	16	6

2×1, 2×9

❷

×	2	1	5	6	8	4	3	7	9
3	6	3	15	18	24	12	9	21	27

❸

×	9	5	1	8	3	2	6	4	7
4	36	20	4	32	12	8	24	16	28

❹

×	2	5	1	6	9	3	8	7	4
5	10	25	5	30	45	15	40	35	20

37 교과서 2. 곱셈구구

집중 시간 3분

곱셈표를 완성해 보세요.

❶ (곱하는 수 / 곱해지는 수)

×	1	2	7	8	4	6	3	5	9
6	6	12	42	48	24	36	18	30	54

6×1, 6×5

❷

×	2	8	1	5	9	6	7	3	4
7	14	56	7	35	63	42	49	21	28

❸

×	5	3	1	6	7	2	4	9	8
8	40	24	8	48	56	16	32	72	64

❹

×	1	6	3	5	8	2	4	7	9
9	9	54	27	45	72	18	36	63	81

93~94쪽

38 곱셈표 완성하기

집중 시간 4분

곱셈표를 완성해 보세요.

❶

×	0	1	2	3
0	0 (0×0)	0	0	0
1	0	1 (1×1)	2	3
2	0	2	4 (2×2)	6
3	0	3	6	9 (3×3)

❸

×	1	5	6	7
2	2	10	12	14
4	4	20	24	28
8	8	40	48	56
5	5	25	30	35

왼쪽 수(△)와 위의 수(○)를 곱해요!

△×○

❷

×	1	2	3	4
4	4	8 (4×2)	12	16
5	5	10	15 (5×3)	20
6	6	12 (6×2)	18	24
7	7	14	21 (7×3)	28

❹

×	3	8	6	9
3	9	24	18	27
5	15	40	30	45
4	12	32	24	36
9	27	72	54	81

38 교과서 2. 곱셈구구

집중 시간 5분

곱셈표를 완성해 보세요.

×	0	1	2	3	4	5	6	7	8	9
0	0 (0×0)	0	0	0	0	0	0	0	0	0
1	0	1 (1×1)	2	3	4	5	6	7	8	9
2	0	2	4 (2×2)	6	8	10	12	14	16	18
3	0	3	6	9 (3×3)	12	15	18	21	24	27
4	0	4	8	12	16 (4×4)	20	24	28	32	36
5	0	5	10	15	20	25 (5×5)	30	35	40	45
6	0	6	12	18	24	30	36 (6×6)	42	48	54
7	0	7	14	21	28	35	42	49 (7×7)	56	63
8	0	8	16	24	32	40	48	56	64 (8×8)	72
9	0	9	18	27	36	45	54	63	72	81 (9×9)

2단은 2씩 커져요.

* 곱하는 두 수의 순서를 바꾸어도 곱은 같아요.
  2×5=10
  5×2=10

* 가위로 자른 후 접어서 확인해 보세요.
  곱셈표에서 ↘ 방향으로 화살표를 따라 접으면 만나는 두 수가 같아요!

×	1	2	3
1	1	2	3
2	2	4	6
3	3	6	9

95~96쪽

39 생활 속 연산 – 곱셈구구(2)

집중 시간 3분

※ 그림을 보고 □ 안에 알맞은 수를 써넣으세요.

❶ 

8×2=16

문어 한 마리의 다리는 8개입니다.
문어 2마리의 다리는 모두 16개입니다.

❷ 

9×3=27

접시 하나에 과자가 9개씩 있습니다.
접시 3개에 있는 과자는 모두 27개입니다.

❸ 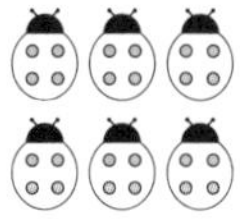

4×6=24

몸에 점이 4개씩 있는 무당벌레가 있습니다.
무당벌레 6마리에 있는 점은 모두 24개입니다.

❹ 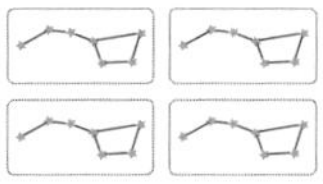

7×4=28

별이 7개인 북두칠성 모양의 붙임딱지가 4장 있습니다. 붙임딱지에 있는 별은 모두 28개입니다.

39 꿀떡! 연산 간식

집중 시간 3분

※ 얼음에 적힌 곱셈의 값을 아래 칸에서 모두 찾아 색칠해 보세요.

8	12	24	40	36
45	32	56	28	13
20	9	0	25	30
7	16	54	48	72
63	64	42	25	21

97쪽

셋째 마당 통과 문제

*틀린 문제는 꼭 다시 확인하고 넘어가요!

※ □ 안에 알맞은 수를 써넣으세요.

22차시
❶ 4×4=16

23차시
❷ 8×7=56

27차시
❸ 7×3=21

28차시
❹ 9×9=81

34차시
❺ 1×8=8

27차시
❻ 7×9=63

23차시
❼ 8×4=32

22차시
❽ 4×9=36

28차시
❾ 9×7=63

34차시
❿ 0×9=0

28차시
⓫ 9×6=54

39차시
⓬ 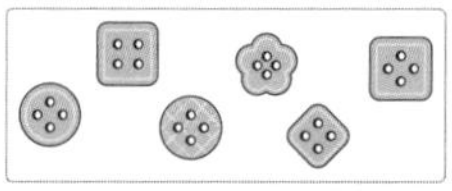

구멍이 4개인 단추가 있습니다.
단추 6개의 구멍은 모두 24개입니다.

39차시
⓭ 

사탕이 7개씩 들어 있는 사탕 통이 6개 있습니다. 사탕 6통에 들어 있는 사탕은 모두 42개입니다.

40 100 cm는 1 m야

집중 시간 1분

※ 그림을 보고 □ 안에 알맞은 수를 써넣으세요.

100 cm=1 m

❶ 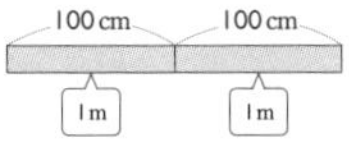

200 cm=[2] m

❷ 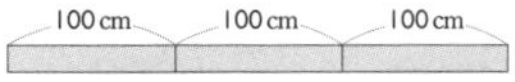

300 cm=[3] m

❸ 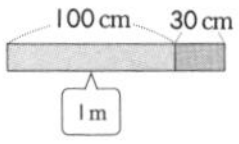

130 cm는 1 m보다 30 cm 더 긴 길이예요.

130 cm=[1] m [30] cm

❹ 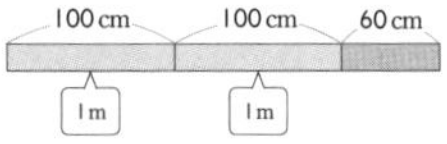

260 cm=[2] m [60] cm

❺ 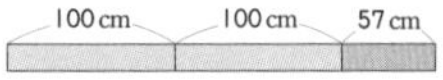

257 cm=[2] m [57] cm

❻ 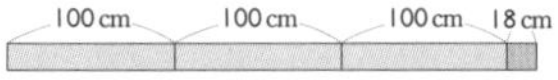

318 cm=[3] m [18] cm

40 교과서 3. 길이 재기

집중 시간 2분

※ □ 안에 알맞은 수를 써넣으세요.

❶ 400 cm=[4] m
'400 센티미터'라고 읽어요.

❷ 700 cm=[7] m

❸ 370 cm=[3] m [70] cm
370 cm=300 cm+70 cm

❹ 530 cm=[5] m [30] cm

❺ 218 cm=[2] m [18] cm

❻ 475 cm=[4] m [75] cm

❼ 296 cm=[2] m [96] cm

❽ 328 cm=[3] m [28] cm

❾ 402 cm=[4] m [2] cm
402 cm=400 cm+2 cm

❿ 571 cm=[5] m [71] cm

⓫ 880 cm=[8] m [80] cm

⓬ 605 cm=[6] m [5] cm

41 1 m는 100 cm야

집중 시간 2분

※ □ 안에 알맞은 수를 써넣으세요.

1 m=100 cm

❶ 3 m=[300] cm
■ m=■00 cm

❷ 6 m=[600] cm

❸ 8 m=[800] cm

❹ 1 m 40 cm=[140] cm
■ m ▲● cm=■00 cm+▲● cm
=■▲● cm

❺ 3 m 80 cm=[380] cm

❻ 2 m 65 cm=[265] cm

❼ 4 m 35 cm=[435] cm

❽ 3 m 71 cm=[371] cm

❾ 2 m 98 cm=[298] cm

❿ 6 m 27 cm=[627] cm

⓫ 5 m 63 cm=[563] cm

'7 미터 54 센티미터'라고 읽어요.

⓬ 7 m 54 cm=[754] cm

41 교과서 3. 길이 재기

집중 시간 2분

※ □ 안에 알맞은 수를 써넣으세요.

❶ 5 m=[500] cm

❷ 9 m=[900] cm

❸ 4 m 70 cm=[470] cm

❹ 6 m 52 cm=[652] cm

❺ 3 m 81 cm=[381] cm

❻ 7 m 17 cm=[717] cm

❼ 2 m 90 cm=[290] cm

❽ 4 m 73 cm=[473] cm

❾ 5 m 38 cm=[538] cm

❿ 8 m 46 cm=[846] cm

앗! 실수

⓫ 3 m 6 cm=[306] cm
3 m 6 cm=300 cm+6 cm

⓬ 9 m 2 cm=[902] cm

105~106쪽

42 m는 m끼리, cm는 cm끼리 더하자!

집중 시간 2분

※ 길이의 합을 구하세요.

❶ 1 m 10 cm + 1 m 50 cm = [2] m [60] cm
(❷ 1+1=2, ❶ 10+50=60)

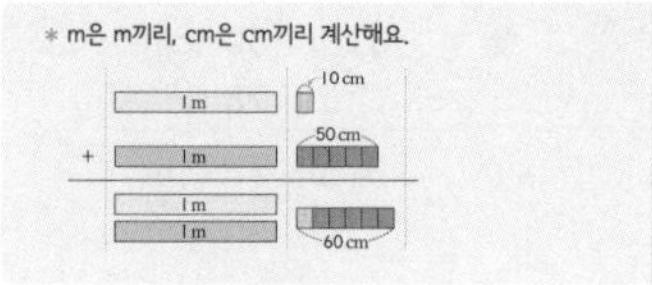

❷ 2 m 40 cm + 2 m 23 cm = [4] m [63] cm

❸ 1 m 36 cm + 3 m 50 cm = [4] m [86] cm

❹ 3 m 25 cm + 2 m 62 cm = [5] m [87] cm

❺ 2 m 54 cm + 4 m 21 cm = [6] m [75] cm

❻ 3 m 24 cm + 5 m 32 cm = [8] m [56] cm

❼ 4 m 13 cm + 1 m 86 cm = [5] m [99] cm

❽ 5 m 32 cm + 4 m 47 cm = [9] m [79] cm

❾ 5 m 73 cm + 6 m 14 cm = [11] m [87] cm

42 교과서 3. 길이 재기

집중 시간 2분

※ 길이의 합을 구하세요.

❶ 2 m 50 cm + 1 m 30 cm = [3] m [80] cm
(❷ 2+1=3, ❶ 50+30=80)

❷ 1 m 60 cm + 4 m 25 cm = [5] m [85] cm

❸ 2 m 39 cm + 3 m 40 cm = [5] m [79] cm

❹ 3 m 52 cm + 4 m 26 cm = [7] m [78] cm

❺ 3 m 28 cm + 5 m 31 cm = [8] m [59] cm

❻ 4 m 41 cm + 2 m 8 cm = [6] m [49] cm

❼ 5 m 37 cm + 3 m 52 cm = [8] m [89] cm

❽ 4 m 53 cm + 8 m 45 cm = [12] m [98] cm

❾ 7 m 32 cm + 4 m 28 cm = [11] m [60] cm (덧셈 주의!)

❿ 6 m 25 cm + 8 m 46 cm = [14] m [71] cm

107~108쪽

43 가로셈으로 길이의 합 구하기

집중 시간 2분

※ 길이의 합을 구하세요.

❶ 1 m 10 cm+1 m 20 cm=[2] m [30] cm
(❷ 1+1=2, ❶ 10+20=30)

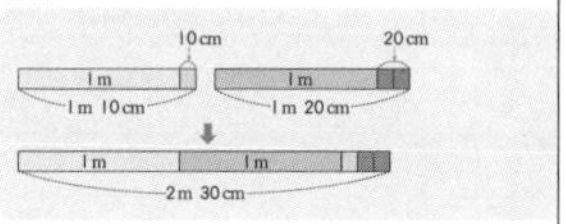

❷ 1 m 20 cm+3 m 52 cm=[4] m [72] cm

❸ 2 m 34 cm+3 m 60 cm=[5] m [94] cm

❹ 2 m 16 cm+2 m 52 cm=[4] m [68] cm

❺ 3 m 72 cm+4 m 12 cm=[7] m [84] cm

❻ 4 m 34 cm+5 m 25 cm=[9] m [59] cm

43 교과서 3. 길이 재기

집중 시간 2분

※ 길이의 합을 구하세요.

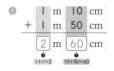

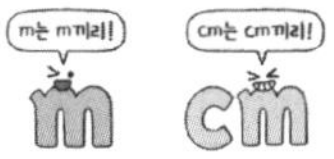

❶ 1 m 25 cm+6 m 40 cm=[7] m [65] cm

❷ 2 m 70 cm+3 m 19 cm=[5] m [89] cm

❸ 4 m 24 cm+5 m 53 cm=[9] m [77] cm

❹ 6 m 13 cm+2 m 42 cm=[8] m [55] cm

❺ 3 m 62 cm+4 m 28 cm=[7] m [90] cm (62 cm+28 cm의 계산에 주의하세요.)

❻ 7 m 47 cm+2 m 34 cm=[9] m [81] cm

44 받아올림이 있는 길이의 합 구하기

집중 시간 3분

※ 길이의 합을 구하세요.

❶ 1 m 70 cm + 2 m 45 cm = [4] m [15] cm
(❷ 1+1+2=4, ❶ 70+45=115)

* (100 cm=1 m)를 이용해 풀어요.

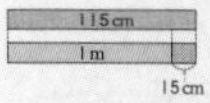

115cm
1m
15cm

cm끼리의 합이 100이거나 100보다 크면 100 cm를 1 m로 받아올림하여 계산해요.

❷ 2 m 24 cm + 2 m 80 cm = [5] m [4] cm

❸ 3 m 62 cm + 1 m 67 cm = [5] m [29] cm

❹ 2 m 53 cm + 5 m 65 cm = [8] m [18] cm

❺ 3 m 46 cm + 3 m 92 cm = [7] m [38] cm

❻ 5 m 23 cm + 4 m 96 cm = [10] m [19] cm

❼ 4 m 85 cm + 4 m 42 cm = [9] m [27] cm

❽ 6 m 41 cm + 4 m 73 cm = [11] m [14] cm

❾ 7 m 83 cm + 2 m 64 cm = [10] m [47] cm

44 교과서 3. 길이 재기

집중 시간 3분

※ 길이의 합을 구하세요.

❶ 3 m 30 cm + 1 m 98 cm = [5] m [28] cm

3 m	30 cm	➡	3	3	0
+ 1 m	98 cm		+ 1	9	8
5 m	28 cm		5	2	8

같은 단위끼리 맞춰 쓴 다음
세 자리 수끼리의 덧셈과 같은 방법으로 계산해요.

❷ 4 m 56 cm + 2 m 60 cm = [7] m [16] cm

❸ 3 m 45 cm + 5 m 73 cm = [9] m [18] cm

❹ 2 m 82 cm + 6 m 26 cm = [9] m [8] cm

❺ 5 m 63 cm + 2 m 95 cm = [8] m [58] cm

❻ 4 m 52 cm + 4 m 83 cm = [9] m [35] cm

❼ 6 m 83 cm + 2 m 54 cm = [9] m [37] cm

❽ 3 m 58 cm + 5 m 72 cm = [9] m [30] cm

❾ 4 m 84 cm + 3 m 47 cm = [8] m [31] cm

45 길이의 합 집중 연습

집중 시간 3분

※ 길이의 합을 구하세요.

❶ 1 m 14 cm + 2 m 65 cm = [3] m [79] cm

❷ 4 m 4 cm + 3 m 39 cm = [7] m [43] cm

❸ 3 m 25 cm + 5 m 17 cm = [8] m [42] cm

❹ 4 m 49 cm + 5 m 32 cm = [9] m [81] cm

❺ 6 m 53 cm + 2 m 62 cm = [9] m [15] cm

앗! 실수

❻ 7 m 95 cm + 1 m 15 cm = [9] m [10] cm

❼ 5 m 27 cm + 6 m 86 cm = [12] m [13] cm

❽ 8 m 83 cm + 2 m 79 cm = [11] m [62] cm

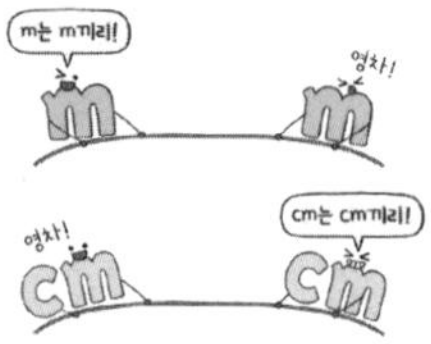

m는 m끼리!
영차!
cm는 cm끼리!
영차!

45 교과서 3. 길이 재기

집중 시간 3분

※ 길이의 합을 구하세요.

❶ 2 m 18 cm+3 m 70 cm
=[5] m [88] cm

❷ 4 m 20 cm+2 m 54 cm
=[6] m [74] cm

❸ 5 m 42 cm+2 m 53 cm
=[7] m [95] cm

❹ 3 m 54 cm+5 m 9 cm
=[8] m [63] cm

❺ 6 m 47 cm+3 m 23 cm
=[9] m [70] cm

앗! 실수

❻ 3 m 58 cm+4 m 14 cm
=[7] m [72] cm

❼ 4 m 56 cm+8 m 28 cm
=[12] m [84] cm

❽ 7 m 26 cm+6 m 69 cm
=[13] m [95] cm

❾ 6 m 48 cm+9 m 35 cm
=[15] m [83] cm

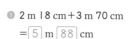

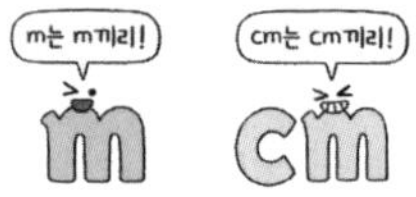

m는 m끼리!
cm는 cm끼리!

113~114쪽

46 m는 m끼리, cm는 cm끼리 빼자!

집중 시간 2분

※ 길이의 차를 구하세요.

* 2 m 50 cm − 1 m 20 cm 계산하기

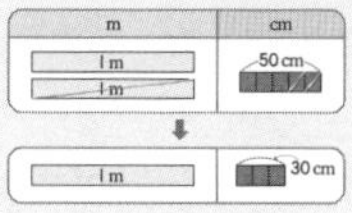

❶ 2 m 50 cm − 1 m 20 cm = 1 m 30 cm
(❷ 2−1=1, ❶ 50−20=30)

❷ 3 m 60 cm − 2 m 40 cm = 1 m 20 cm

❸ 4 m 52 cm − 3 m 10 cm = 1 m 42 cm

❹ 5 m 48 cm − 4 m 20 cm = 1 m 28 cm

❺ 6 m 57 cm − 1 m 34 cm = 5 m 23 cm

❻ 5 m 47 cm − 3 m 36 cm = 2 m 11 cm

❼ 6 m 78 cm − 5 m 53 cm = 1 m 25 cm

❽ 7 m 84 cm − 3 m 43 cm = 4 m 41 cm

❾ 8 m 69 cm − 2 m 24 cm = 6 m 45 cm

46 교과서 3. 길이 재기

집중 시간 3분

※ 길이의 차를 구하세요.

❶ 3 m 70 cm − 1 m 40 cm = 2 m 30 cm
(❷ 3−1=2, ❶ 70−40=30)

❷ 4 m 90 cm − 3 m 30 cm = 1 m 60 cm

❸ 5 m 47 cm − 2 m 13 cm = 3 m 34 cm

❹ 6 m 38 cm − 3 m 26 cm = 3 m 12 cm

❺ 5 m 59 cm − 3 m 25 cm = 2 m 34 cm

❻ 6 m 58 cm − 5 m 17 cm = 1 m 41 cm

❼ 7 m 66 cm − 3 m 34 cm = 4 m 32 cm

❽ 7 m 30 cm − 5 m 19 cm = 2 m 11 cm (2 10, 뺄셈 주의!)

❾ 8 m 43 cm − 4 m 27 cm = 4 m 16 cm

❿ 9 m 28 cm − 6 m 19 cm = 3 m 9 cm

115~116쪽

47 가로셈으로 길이의 차 구하기

집중 시간 2분

※ 길이의 차를 구하세요.

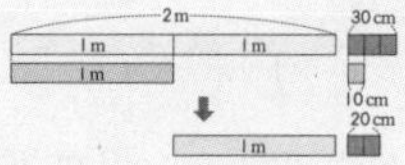

❶ 2 m 30 cm − 1 m 10 cm = 1 m 20 cm
(❷ 2−1=1, ❶ 30−10=20)

❷ 3 m 70 cm − 2 m 40 cm = 1 m 30 cm

❸ 4 m 83 cm − 1 m 50 cm = 3 m 33 cm

❹ 5 m 47 cm − 2 m 25 cm = 3 m 22 cm

❺ 7 m 56 cm − 3 m 12 cm = 4 m 44 cm

❻ 6 m 69 cm − 4 m 37 cm = 2 m 32 cm

47 교과서 3. 길이 재기

집중 시간 2분

※ 길이의 차를 구하세요.

❶ 7 m 45 cm − 1 m 30 cm = 6 m 15 cm

❷ 4 m 73 cm − 2 m 41 cm = 2 m 32 cm

❸ 5 m 36 cm − 3 m 12 cm = 2 m 24 cm

❹ 6 m 57 cm − 1 m 34 cm = 5 m 23 cm

❺ 8 m 49 cm − 4 m 25 cm = 4 m 24 cm

앗! 실수

❻ 18 m 25 cm − 18 cm = 18 m 7 cm

* 같은 단위끼리 뺄 수 있어요.

	18 m	25 cm
−		18 cm
	18 m	7 cm

117~118쪽

48 받아내림이 있는 길이의 차 구하기

집중 시간 4분

※ 길이의 차를 구하세요.

① 3 m 40 cm − 1 m 50 cm = 1 m 90 cm
(❷ 2−1=1, ❶ 100−50+40=90)

* 1 m=100 cm를 이용해 풀어요.

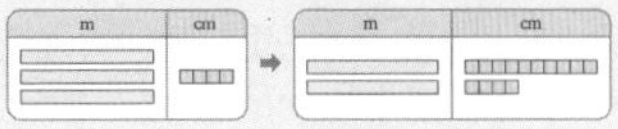

cm끼리 뺄 수 없으면 1 m를 100 cm로 바꾸어 계산해요.

② 4 m 30 cm − 2 m 90 cm = 1 m 40 cm

③ 5 m 23 cm − 1 m 70 cm = 3 m 53 cm

④ 5 m 34 cm − 3 m 60 cm = 1 m 74 cm

⑤ 6 m 15 cm − 2 m 34 cm = 3 m 81 cm

⑥ 6 m 34 cm − 4 m 62 cm = 1 m 72 cm

⑦ 7 m 49 cm − 5 m 73 cm = 1 m 76 cm

⑧ 8 m 15 cm − 3 m 74 cm = 4 m 41 cm

⑨ 9 m 28 cm − 6 m 65 cm = 2 m 63 cm

48 교과서 3. 길이 재기

집중 시간 4분

※ 길이의 차를 구하세요.

① 5 m 30 cm − 2 m 60 cm = 2 m 70 cm

5 m 30 cm − 2 m 60 cm = 2 m 70 cm ➡ 530 − 260 = 270

같은 단위끼리 맞춰 쓴 다음 세 자리 수끼리의 뺄셈과 같은 방법으로 계산해요.

② 4 m 28 cm − 1 m 50 cm = 2 m 78 cm

③ 6 m 19 cm − 3 m 47 cm = 2 m 72 cm

④ 7 m 16 cm − 2 m 33 cm = 4 m 83 cm

⑤ 8 m 48 cm − 5 m 76 cm = 2 m 72 cm

⑥ 6 m 25 cm − 5 m 42 cm = 83 cm

받아내림한 후 m끼리의 계산한 값이 0이면 m 자리는 비워 둬요.

⑦ 7 m 67 cm − 3 m 94 cm = 3 m 73 cm

⑧ 9 m 74 cm − 1 m 81 cm = 7 m 93 cm

⑨ 9 m 37 cm − 4 m 65 cm = 4 m 72 cm

119~120쪽

49 길이의 차 집중 연습

집중 시간 4분

※ 길이의 차를 구하세요.

① 4 m 37 cm − 2 m 25 cm = 2 m 12 cm

② 3 m 60 cm − 1 m 24 cm = 2 m 36 cm

③ 6 m 43 cm − 3 m 18 cm = 3 m 25 cm

④ 5 m 10 cm − 2 m 30 cm = 2 m 80 cm

⑤ 7 m 26 cm − 4 m 31 cm = 2 m 95 cm

앗! 실수

⑥ 7 m 86 cm − 3 m 38 cm = 4 m 48 cm

⑦ 8 m 5 cm − 4 m 24 cm = 3 m 81 cm

⑧ 6 m 19 cm − 4 m 99 cm = 1 m 20 cm

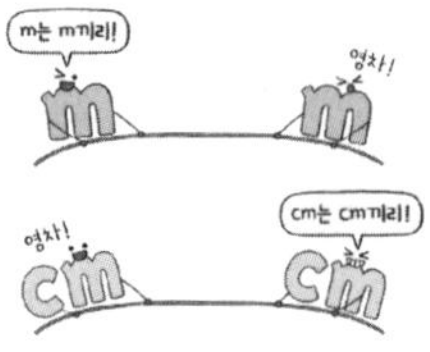

49 교과서 3. 길이 재기

집중 시간 4분

※ 길이의 차를 구하세요.

① 5 m 60 cm − 2 m 30 cm = 3 m 30 cm

② 4 m 83 cm − 3 m 50 cm = 1 m 33 cm

③ 3 m 56 cm − 1 m 23 cm = 2 m 33 cm

④ 6 m 40 cm − 4 m 26 cm = 2 m 14 cm

⑤ 7 m 62 cm − 5 m 39 cm = 2 m 23 cm

앗! 실수

⑥ 8 m 76 cm − 5 m 8 cm = 3 m 68 cm

⑦ 6 m 74 cm − 3 m 26 cm = 3 m 48 cm

⑧ 7 m 86 cm − 4 m 29 cm = 3 m 57 cm

⑨ 9 m 62 cm − 3 m 38 cm = 6 m 24 cm

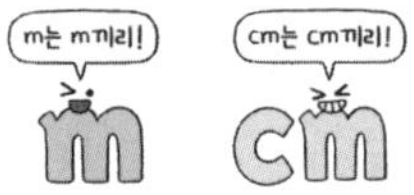

121~122쪽

50 생활 속 연산 – 길이의 계산

집중 시간 3분

※ 그림을 보고 □ 안에 알맞은 수를 써넣으세요.

❶
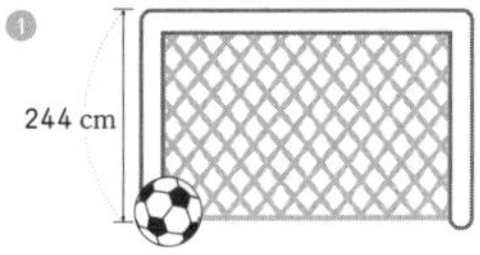

운동장에 있는 축구 골대의 높이는 [2] m [44] cm입니다.

❷
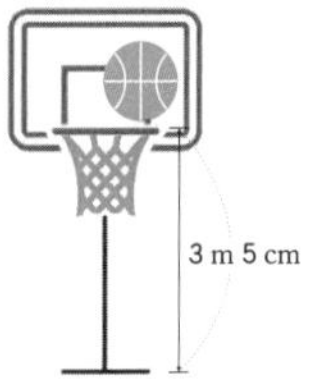

농구 경기장에 있는 농구대의 높이는 [305] cm입니다.

❸
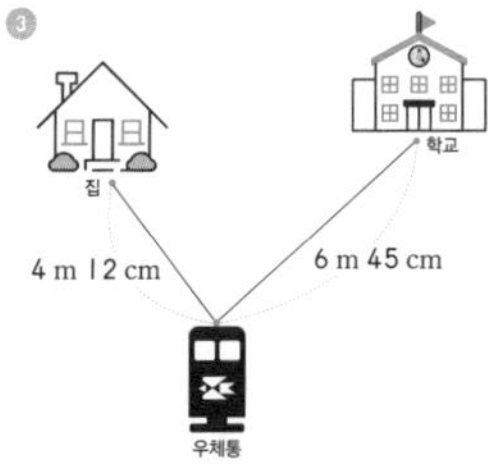

(1) 집에서 우체통을 거쳐 학교까지 가는 거리는 [10] m [57] cm입니다.

(2) 집에서 우체통까지의 거리는 학교에서 우체통까지의 거리보다 [2] m [33] cm 더 가깝습니다.

50 꿀꺽! 연산 간식

집중 시간 3분

※ 북극곰이 바른 식이 있는 길로 가서 가족을 만나려고 해요. 북극곰이 바른 길로 갈 수 있도록 선으로 이어 보세요.

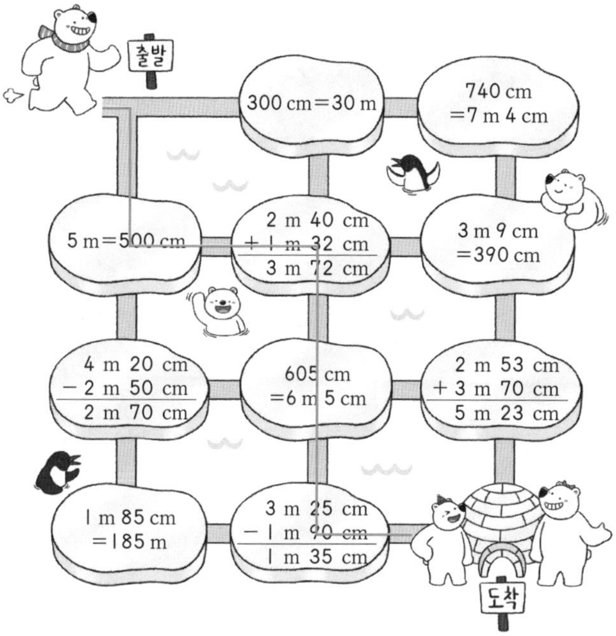

123쪽

넷째 마당 통과 문제

*틀린 문제는 꼭 다시 확인하고 넘어가요!

※ □ 안에 알맞은 수를 써넣으세요.

40차시
❶ 600 cm=[6] m

40차시
❷ 240 cm=[2] m [40] cm

41차시
❸ 5 m 60 cm=[560] cm

41차시
❹ 8 m 4 cm=[804] cm

42차시
❺ 2 m 40 cm + 3 m 15 cm = [5] m [55] cm

42차시
❻ 4 m 70 cm + 2 m 5 cm = [6] m [75] cm

42차시
❼ 1 m 35 cm + 5 m 15 cm = [6] m [50] cm

46차시
❽ 7 m 40 cm − 3 m 25 cm = [4] m [15] cm

46차시
❾ 6 m 70 cm − 3 m 5 cm = [3] m [65] cm

50차시
❿

지수의 키는 [1] m [28] cm 입니다.

51 몇 시 몇 분 알아보기

집중 시간 2분

※ 시계가 나타내는 시각을 쓰세요.

① 

1시 10분

짧은바늘이 1과 2 사이에 있으면 아직 2시 전으로 '1시 몇 분'이에요. 긴바늘이 2를 가리키고 있으면 10분을 나타내요.

② 

3시 35분

④ 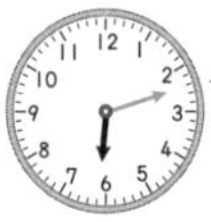

긴바늘이 2에서 작은 눈금으로 2칸 더 갔어요.

6시 12분

⑥ 

8시 43분

③ 

2시 40분

⑤ 

5시 31분

⑦ 

10시 59분

51 교과서 4. 시각과 시간

집중 시간 3분

※ 시각에 맞도록 긴바늘을 그려 넣으세요.

① 3시 10분

→ 짧은바늘

분을 긴바늘로 그려 넣어 봐요~

④ 2시 15분

2시 15분이면 짧은바늘이 3보다 2에 더 가까워요.

⑦ 7시 14분

② 4시 23분

⑤ 5시 32분

⑧ 10시 51분

③ 1시 30분

1시 30분은 짧은바늘이 1과 2의 가운데에 놓여요.

⑥ 9시 26분

⑨ 12시 48분

52 몇 시 몇 분 전 알아보기

집중 시간 2분

※ 시계가 나타내는 시각을 쓰세요.

① 

2시 10분 전

* 몇 시 몇 분 전

10분

2시가 되려면 10분이 더 지나야 해요.
→ 2시 10분 전

② 

3시 5분 전

몇 분이 지나면 3시가 되는지 확인해 봐요.

④ 

1시 15분 전

⑥ 

9시 10분 전

③ 

5시 15분 전

⑤ 

3시 10분 전

⑦ 

8시 5분 전

52 교과서 4. 시각과 시간

집중 시간 2분

※ 시계가 나타내는 시각을 쓰세요.

① 

3시 55분
4시 5분 전

④ 

7시 50분
8시 10분 전

시각을 2가지 방법으로 읽어 볼까요?

② 

5시 50분
6시 10분 전

⑤ 

8시 45분
9시 15분 전

③ 

2시 45분
3시 15분 전

⑥ 

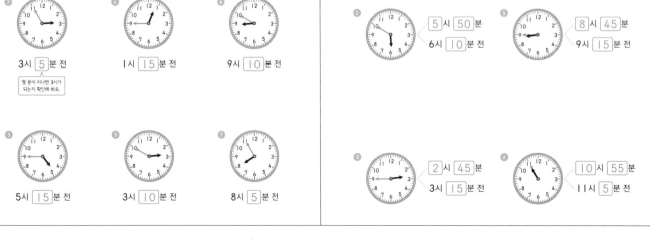

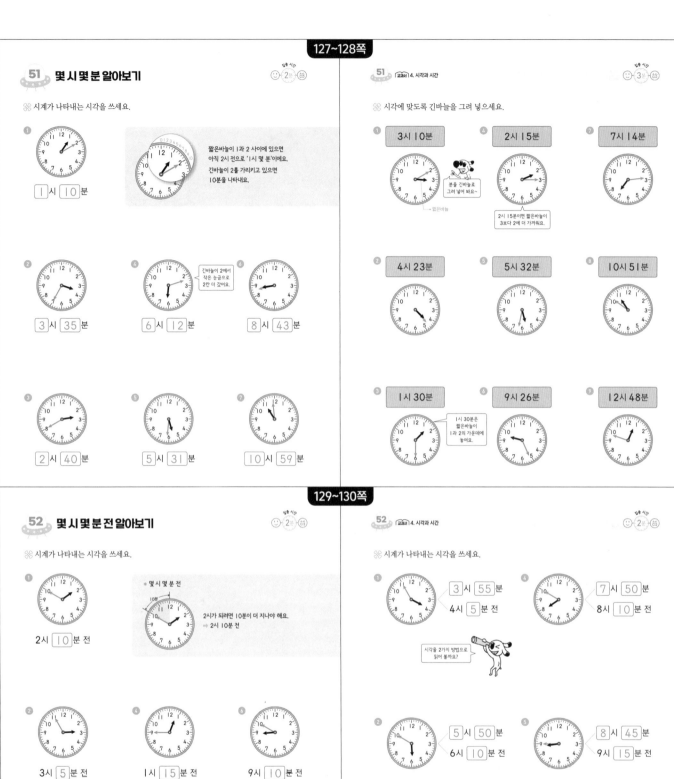

10시 55분
11시 5분 전

53 1시간은 60분이야

집중 시간 4분

□ 안에 알맞은 수를 써넣으세요.

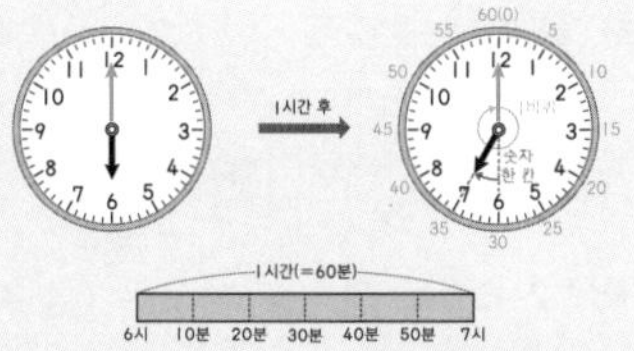

1시간 = 60분

1. 2시간 = 120 분
   1시간+1시간=60분+60분
2. 3시간 = 180 분
   1시간+1시간+1시간=60분+60분+60분
3. 5시간 = 300 분
   60분+60분+60분+60분+60분 (180분)
   ③번 답에 5분을 더 더해 주면 되겠네요!
4. 5시간 5분 = 305 분
5. 1시간 40분 = 100 분
6. 2시간 25분 = 145 분
7. 3시간 15분 = 195 분
8. 2시간 43분 = 163 분
9. 5시간 32분 = 332 분
10. 6시간 9분 = 369 분

53 교과서 4. 시각과 시간

집중 시간 4분

□ 안에 알맞은 수를 써넣으세요.

1. 1시간 20분 = 80 분
2. 2시간 55분 = 175 분
3. 3시간 30분 = 210 분
4. 3시간 57분 = 237 분
5. 4시간 33분 = 273 분
6. 5시간 8분 = 308 분
7. 5시간 45분 = 345 분
8. 6시간 15분 = 375 분
9. 6시간 46분 = 406 분
10. 7시간 30분 = 450 분

앗! 실수

11. 8시간 20분 = 500 분
12. 9시간 25분 = 565 분

54 60분은 1시간, 120분은 2시간

집중 시간 4분

60분 = 1시간

□ 안에 알맞은 수를 써넣으세요.

1. 120분 = 2 시간
   60분+60분=1시간+1시간 (2시간)
2. 180분 = 3 시간
   60분+60분+60분=1시간+1시간+1시간 (3시간)
3. 240분 = 4 시간
4. 300분 = 5 시간
5. 65분 = 1 시간 5 분
   60분+5분

60분으로 쪼갠 개수가 몇 시간이 되고 남은 수가 몇 분이 돼요.

6. 90분 = 1 시간 30 분
7. 130분 = 2 시간 10 분
   60분+60분+10분 (2시간)
8. 200분 = 3 시간 20 분
9. 182분 = 3 시간 2 분
10. 256분 = 4 시간 16 분
11. 327분 = 5 시간 27 분
12. 412분 = 6 시간 52 분

54 교과서 4. 시각과 시간

집중 시간 4분

□ 안에 알맞은 수를 써넣으세요.

1. 69분 = 1 시간 9 분
2. 87분 = 1 시간 27 분
3. 115분 = 1 시간 55 분
4. 131분 = 2 시간 11 분
   120분은 2시간!
5. 174분 = 2 시간 54 분
6. 193분 = 3 시간 13 분
7. 209분 = 3 시간 29 분
   180분은 3시간!
8. 238분 = 3 시간 58 분
9. 246분 = 4 시간 6 분
   240분은 4시간!
10. 317분 = 5 시간 17 분
11. 355분 = 5 시간 55 분
12. 400분 = 6 시간 40 분

135~136쪽

55 하루는 24시간이야

집중 시간 3분

※ □ 안에 알맞은 수를 써넣으세요.

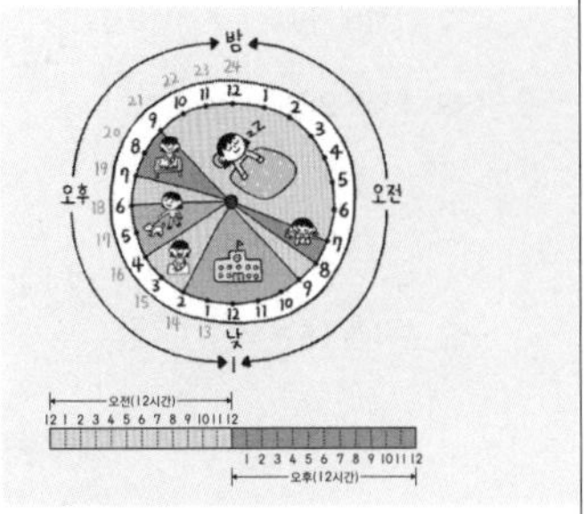

❶ 2일=[48]시간
1일+1일=24시간+24시간

❷ 3일=[72]시간
1일+1일+1일=24시간+24시간+24시간

❸ 4일=[96]시간

+1일 +24시간

❹ 5일=[120]시간

❺ 6일=[144]시간

❻ 1일 3시간=[27]시간

❼ 2일 5시간=[53]시간
24시간+24시간+5시간

❽ 3일 8시간=[80]시간

❾ 4일 4시간=[100]시간

❿ 5일 8시간=[128]시간

55 교과서 4. 시각과 시간

집중 시간 3분

24시간 = 1일

※ □ 안에 알맞은 수를 써넣으세요.

❶ 48시간=[2]일
24시간+24시간=1일+1일

❷ 72시간=[3]일
24시간+24시간+24시간=1일+1일+1일

❸ 96시간=[4]일

❹ 120시간=[5]일

❺ 30시간=[1]일 [6]시간
24시간+6시간
24시간으로 쪼갠 개수가 며칠이 되고 남은 수가 몇 시간이 돼요.

❻ 45시간=[1]일 [21]시간

❼ 50시간=[2]일 [2]시간
24시간+24시간+2시간

❽ 64시간=[2]일 [16]시간

❾ 74시간=[3]일 [2]시간

❿ 90시간=[3]일 [18]시간

⓫ 100시간=[4]일 [4]시간

⓬ 125시간=[5]일 [5]시간

137~138쪽

56 1주일은 7일이야

집중 시간 3분

※ □ 안에 알맞은 수를 써넣으세요.

❶ 2주일=[14]일
1주일+1주일=7일+7일

❷ 3주일=[21]일
1주일+1주일+1주일=7일+7일+7일

❸ 4주일=[28]일

❹ 5주일=[35]일

+2일

❺ 5주일 2일=[37]일

❻ 1주일 5일=[12]일

❼ 2주일 4일=[18]일
7일+7일+4일

❽ 3주일 3일=[24]일

❾ 4주일 5일=[33]일

❿ 5주일 6일=[41]일

56 교과서 4. 시각과 시간

집중 시간 3분

7일 = 1주일

※ □ 안에 알맞은 수를 써넣으세요.

❶ 14일=[2]주일
7일+7일
2주일

❷ 28일=[4]주일
7일+7일+7일+7일
4주일

❸ 35일=[5]주일

❹ 56일=[8]주일

❺ 10일=[1]주일 [3]일
7일+3일
7일로 쪼갠 개수가 몇 주일이 되고, 남은 수가 며칠이 돼요.

❻ 13일=[1]주일 [6]일

❼ 18일=[2]주일 [4]일
7일+7일+4일

❽ 25일=[3]주일 [4]일

❾ 31일=[4]주일 [3]일

❿ 45일=[6]주일 [3]일

앗! 실수

⓫ 60일=[8]주일 [4]일

⓬ 72일=[10]주일 [2]일

139~140쪽

57 1년은 12개월이야

※ □ 안에 알맞은 수를 써넣으세요.

1년 = 12개월

① 2년=24개월
1년+1년=12개월+12개월

② 3년=36개월
1년+1년+1년=12개월+12개월+12개월

③ 4년=48개월
3년이 36개월인 걸 알고 있으면 4년은 12개월을 더 더해 주면 되겠네요!

④ 5년=60개월

⑤ 6년=72개월

⑥ 6년 3개월=75개월

⑦ 2년 4개월=28개월
12개월+12개월+4개월

⑧ 3년 6개월=42개월

⑨ 4년 8개월=56개월

⑩ 5년 7개월=67개월

⑪ 1년 11개월=23개월

⑫ 5년 9개월=69개월

57 교과서 4. 시각과 시간

※ □ 안에 알맞은 수를 써넣으세요.

① 24개월=2년
12개월+12개월

② 48개월=4년
12개월+12개월+12개월+12개월

③ 60개월=5년

④ 72개월=6년

⑤ 15개월=1년 3개월
12개월+3개월
12개월로 쪼갠 개수가 몇 년이 되고, 남은 수가 몇 개월이 돼요.

⑥ 22개월=1년 10개월

⑦ 30개월=2년 6개월
12개월+12개월+6개월

⑧ 34개월=2년 10개월

⑨ 46개월=3년 10개월

⑩ 53개월=4년 5개월

⑪ 58개월=4년 10개월

⑫ 62개월=5년 2개월

141~142쪽

58 생활 속 연산 – 시각과 시간

※ 지훈이의 성장 일기입니다. □ 안에 알맞은 수를 써넣으세요.

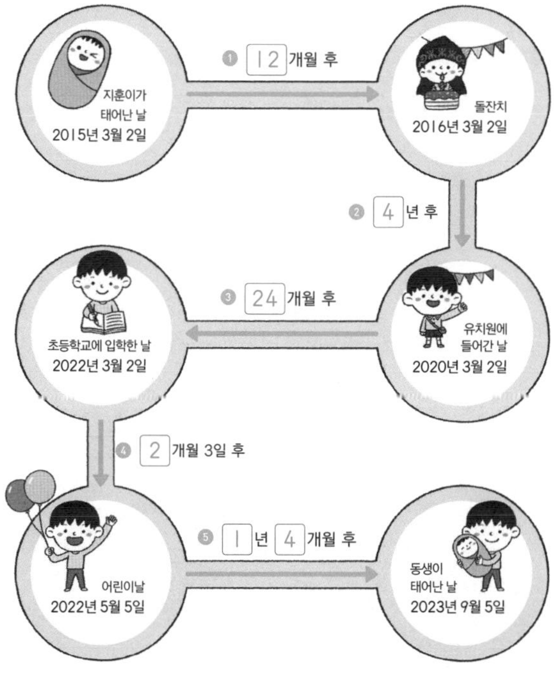

58 꿀떡! 연산 간식

※ 북극곰이 바르게 나타낸 길로 가서 가족을 만나려고 해요. 북극곰이 바른 길로 갈 수 있도록 선으로 이어 보세요.

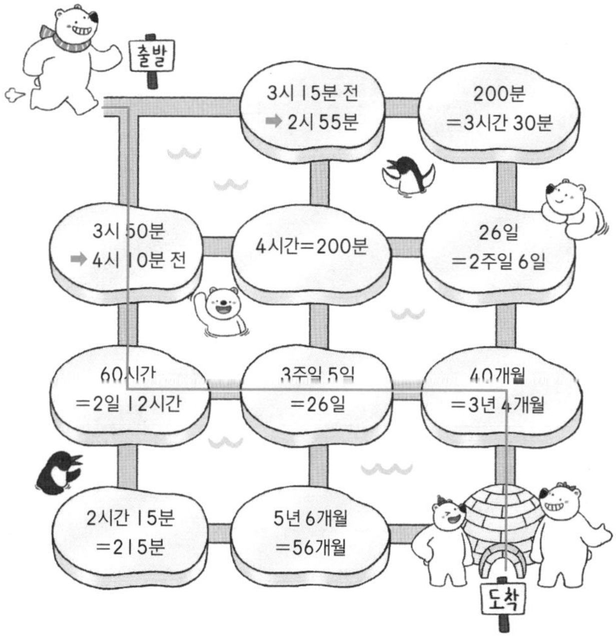

143쪽

다섯째 마당 **통과 문제**

*틀린 문제는 꼭 다시 확인하고 넘어가요!

※ □ 안에 알맞은 수를 써넣으세요.

51차시
①

4 시 15 분

51차시
②
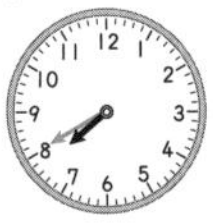

7 시 40 분

52차시
③
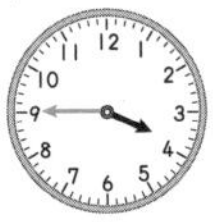

4 시 15 분 전

53차시
④ 4시간= 240 분

53차시
⑤ 3시간 35분= 215 분

54차시
⑥ 310분= 5 시간 10 분

54차시
⑦ 237분= 3 시간 57 분

55차시
⑧ 7일= 168 시간

55차시
⑨ 5일 5시간= 125 시간

55차시
⑩ 98시간= 4 일 2 시간

55차시
⑪ 67시간= 2 일 19 시간

56차시
⑫ 6주일= 42 일

56차시
⑬ 4주일 3일= 31 일

56차시
⑭ 17일= 2 주일 3 일

57차시
⑮ 2년 5개월= 29 개월

57차시
⑯ 47개월= 3 년 11 개월

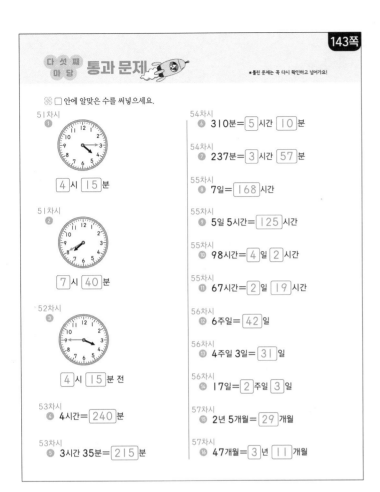

교과서 연산 2-2 훈련 끝!
다음 학년으로 가 보자고~

이번 학기 공부 습관을 만드는 첫 연산 책!
바빠 교과서 연산 2-2

교과서 연산으로
이번 학기 연산도
끝!

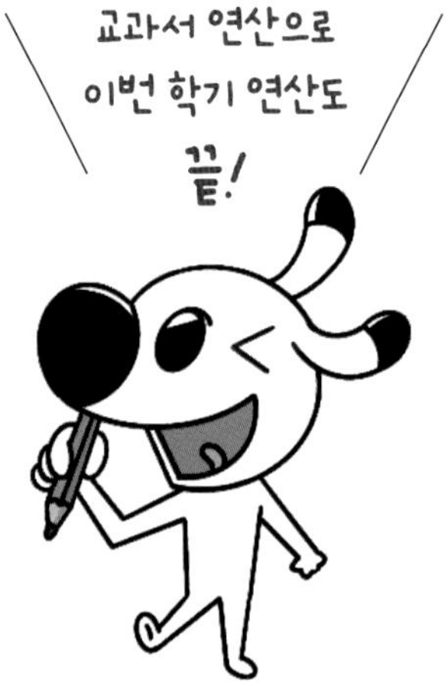

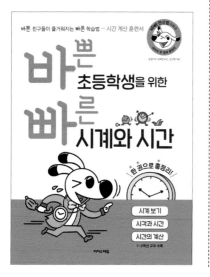

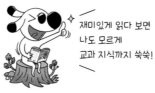

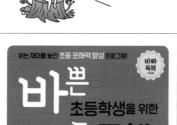

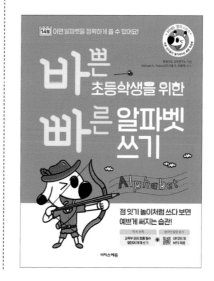

10일에 완성하는 영역별 연산 총정리!

바빠 연산법 (전 26권)

바빠

취약한 연산만 빠르게 보강!

바빠 연산법 시리즈

각 권 9,000~12,000원

- 시간이 절약되는 **똑똑한 훈련법**!
- **계산이 빨라지는** 명강사들의 **꿀팁**이 가득!

예비 1 학년

덧셈 | 뺄셈

1·2 학년

덧셈 | 뺄셈 | 구구단 | 시계와 시간 | 길이와 시간 계산

3·4 학년

덧셈 | 뺄셈 | 곱셈 | 나눗셈 | 분수 | 소수 | 방정식

5·6 학년

곱셈 | 나눗셈 | 분수 | 소수 | 방정식

※ 약수와 배수, 자연수의 혼합 계산, 분수와 소수의 혼합 계산, 평면도형 계산, 입체도형 계산, 비와 비례, 확률과 통계 편도 출간!

같은 영역끼리 모아 연습하면 개념을 스스로 이해하고 정리할 수 있습니다!

-초등 교과서 집필진, 김진호 교수